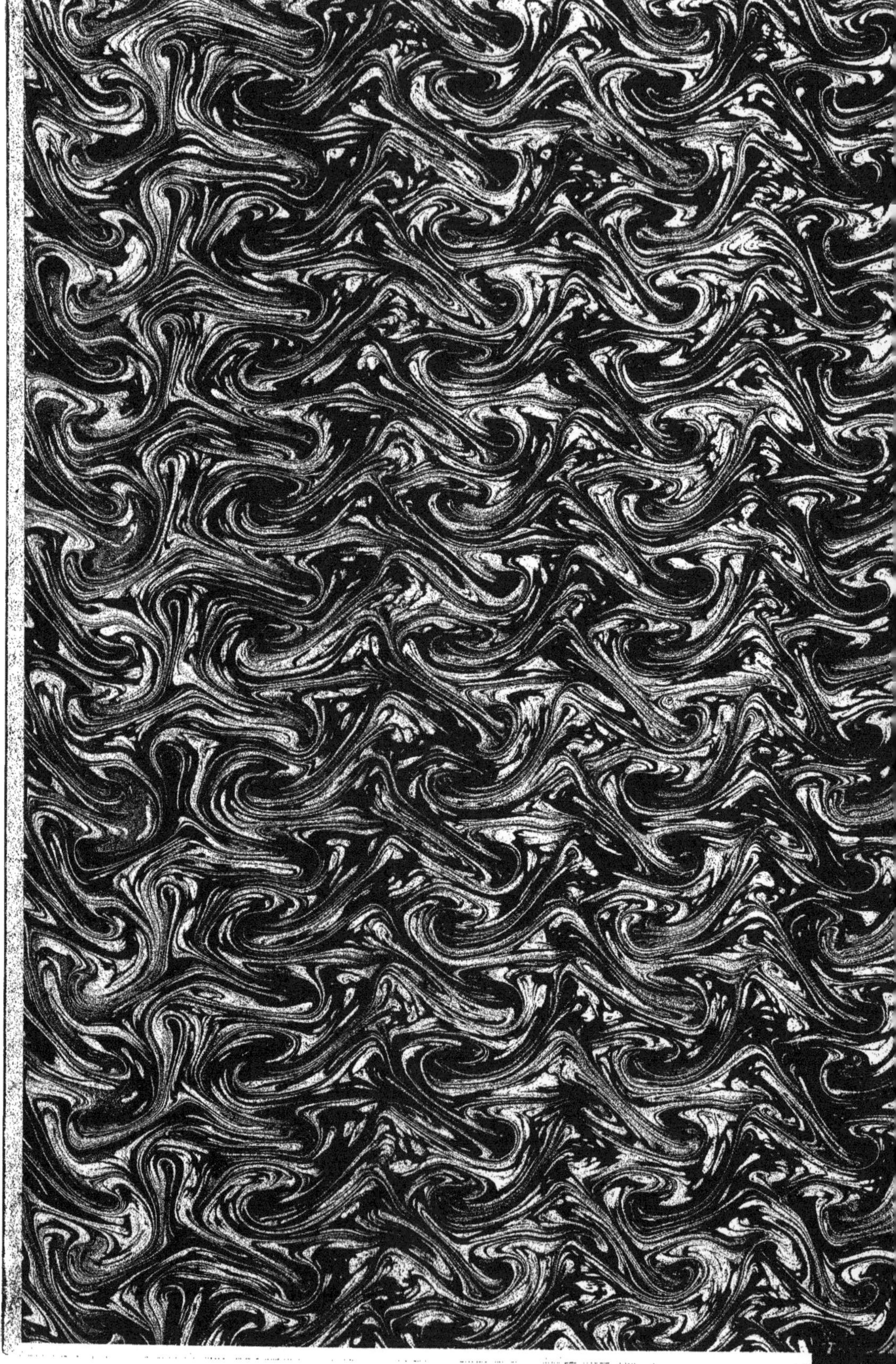

OSTÉOGRAPHIE

OU

DESCRIPTION ICONOGRAPHIQUE

COMPARÉE

DU SQUELETTE ET DU SYSTÈME DENTAIRE

DES MAMMIFÈRES

RÉCENTS ET FOSSILES

POUR SERVIR DE BASE A LA ZOOLOGIE ET A LA GÉOLOGIE

PAR

H. M. DUCROTAY DE BLAINVILLE

MEMBRE DE L'INSTITUT (ACADÉMIE DES SCIENCES)

PROFESSEUR D'ANATOMIE COMPARÉE AU MUSÉUM D'HISTOIRE NATURELLE, ETC.

OUVRAGE ACCOMPAGNÉ DE 320 PLANCHES LITHOGRAPHIÉES SOUS SA DIRECTION

PAR M. J. C. WERNER

Peintre du Muséum d'Histoire naturelle de Paris

PRÉCÉDÉ D'UNE ÉTUDE SUR LA VIE ET LES TRAVAUX DE M. DE BLAINVILLE

PAR M. P. NICARD

ATLAS — TOME PREMIER

Composé de 59 Planches

PRIMATÈS — SECUNDATÈS

PARIS

J. B. BAILLIÈRE ET FILS

LIBRAIRES DE L'ACADÉMIE IMPÉRIALE DE MÉDECINE

Rue Hautefeuille, 19.

LONDRES HIPP. BAILLIÈRE, 219, Regent-street.

NEW-YORK BAILLIÈRE BROTHERS, 440, Broadway.

MADRID BAILLY-BAILLIÈRE, Plaza del Principe-Alfonso, 8.

1839—1864

TABLE DES PLANCHES

CONTENUES DANS LE PREMIER VOLUME.

Squelette du Molosse Oursin (*V.* (*Molossus*) *ursinus*).

VI. Têtes des Chauves-Souris roussettes (*Pteropus*).
- — du *P. Fuscus.*
- — du *P. Stramineus.*
- — du *P. Vanikorensis.*
- — du *P. Peronii.*
- — du *P. Macrocephalus.*
- — du *P. Minimus.*

VII. — des Chauves-Souris à feuille nasale.
- — du *Glossophaga Sorcinum.*
- — du *Phyllostoma hastatum.*
- — du *Megaderma Lyra.*
- — du *Desmodus Rufus.*
- — du *Rhinolophus Ferrum equinum.*
- — du *Stenoderma Samaïcence.*
- — du *Nycteris hispida.*
- — du *Stenoderma Cavernarum.*

VIII. — des Chauves-Souris sans feuille nasale.
- — du *Taphozons Canadensis.*
- — de la *Vespertilio noctula.*
- — du *Molossus Daubentonii.*
- — du *Noctilio unicolor.*
- — du *Molossus Cestoni.*
- — de la *Vespertilio Alecto.*
- — de la *Vespertilio Belangeri.*
- — du *Molossus Mops.*

IX. Parties caractéristiques du tronc (série vertébrale).

X. Parties caractéristiques du tronc (série sternébrale).

XI. Parties caractéristiques des membres (antérieurs).

XII. Parties caractéristiques des membres (postérieurs).

XIII. Chauves-Souris, système dentaire.

XIV. Chauves-Souris, système dentaire.

XV. *Vespertiliones antiqui.*

INSECTIVORES.

G. Talpa (*Sorex Erinaceus*), avec 11 planches.

I. Squelette de la Taupe d'Europe (*Talpa Europæa*).
- — de la Taupe étoilée (*Talpa* (*Condylurus*) *cristata*).

II. — du Desman des Pyrénées (*Sorex Pyrenaicus*).
- — de la Musaraigne de l'Inde (*Sorex myosurus*).

III. — du Macroscélide de Rozet (*Macroscelides Rozeti*).
- — du Cladobate ferrugineux (*Glisorex ferrugineus*).

IV. — du Tenrec (*Erinaceus Centetes ecaudatus*).

V. Têtes de Taupes et de Musaraignes.
- — de la *Talpa Europæa.*
- — de la *Talpa* (*Chrysoclora*) *aurea.*
- — de la *Talpa* (*Condylurus*) *cristata.*
- — du *Sorex* (*Crocidura*) *araneus.*
- — du *Sorex* (*Solenodon*) *paradoxus.*
- — du *Sorex* (*Macroscel.*) *Rozeti.*
- — de la *Talpa* (*Scalops*) *Virginiana.*
- — du *Sorex* (*Mygale*) *Pyrenaicus.*
- — du *Sorex brevicaudatus.*
- — du *Sorex* (*Macroscelid.*) *Jaculus.*

VI. — de Hérissons et de Tenrecs.
- — de l'*Erinaceus* (*Glisorex*) *tana.*
- — de l'*Erinaceus europæus.*
- — de l'*Echinosorex gymnurus.*
- — de l'*Erinaceus* (*Ericulus*) *Spinosus.*
- — de l'*Erinaceus* (*Centetes*) *Ecaudatus.*

VII. Parties caractéristiques du tronc.

VIII. Parties caractéristiques des membres.

IX. Insectivores, système dentaire.

X. Insectivores, système dentaire.

XI. *Insectivora antiqua.*

Paris. — Imprimé par E. Thunot et Cⁱᵉ, 26, rue Racine.

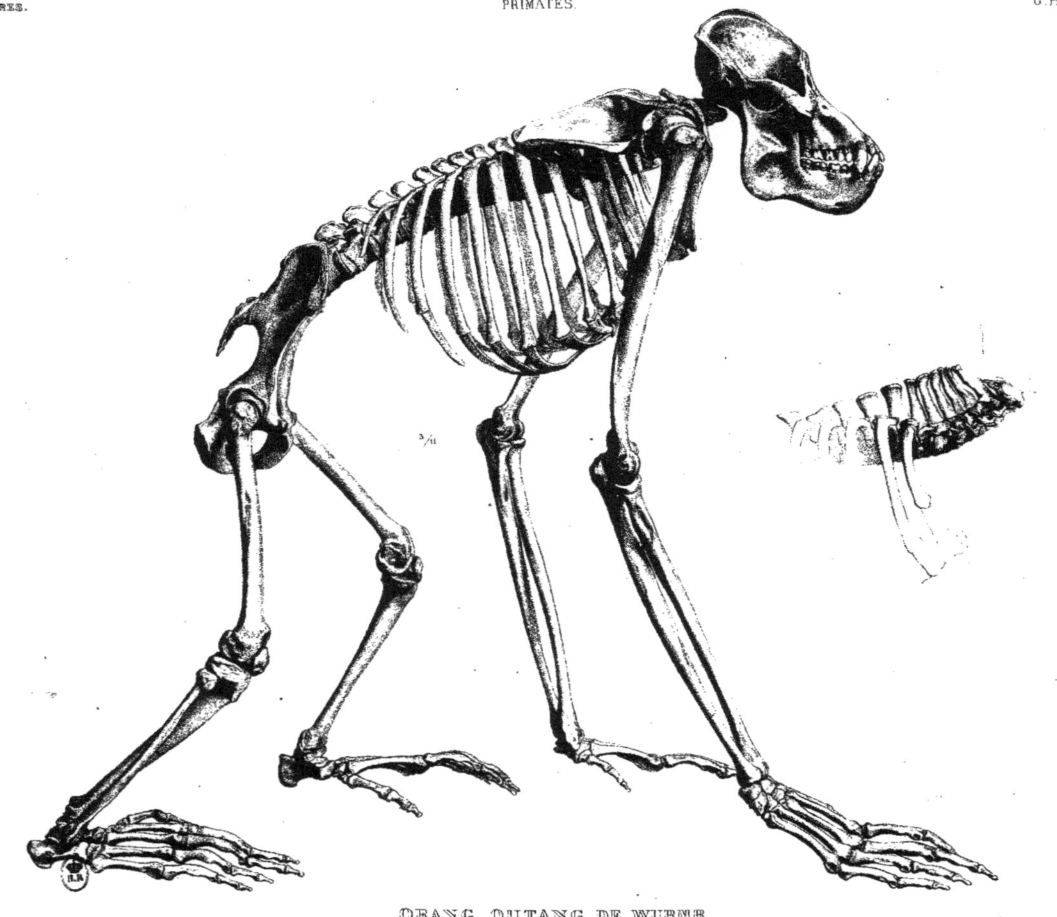

ORANG OUTANG DE WURMB
(P. Satyrus.)

Werner Del. Lith. de Becquet.

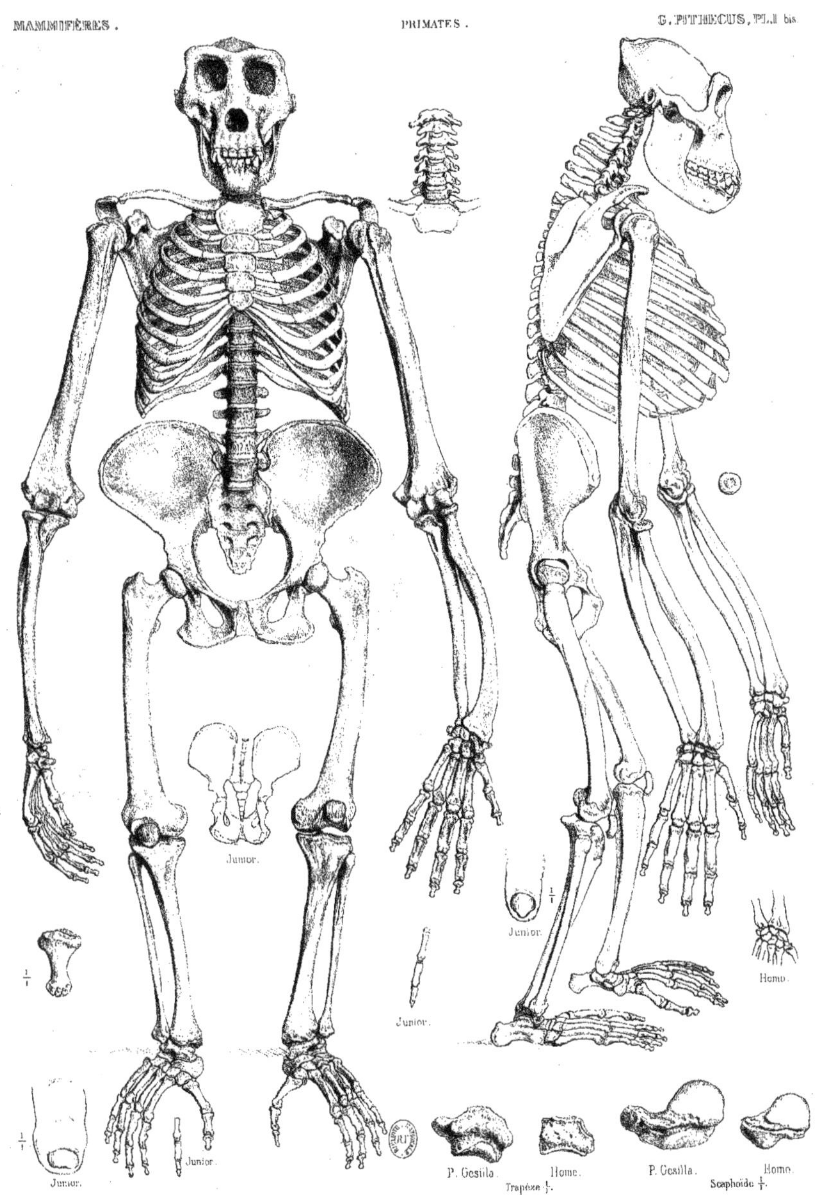

P. GESILLA ♀ 1/4.

Werner, del. Lith. de Becquet frères.

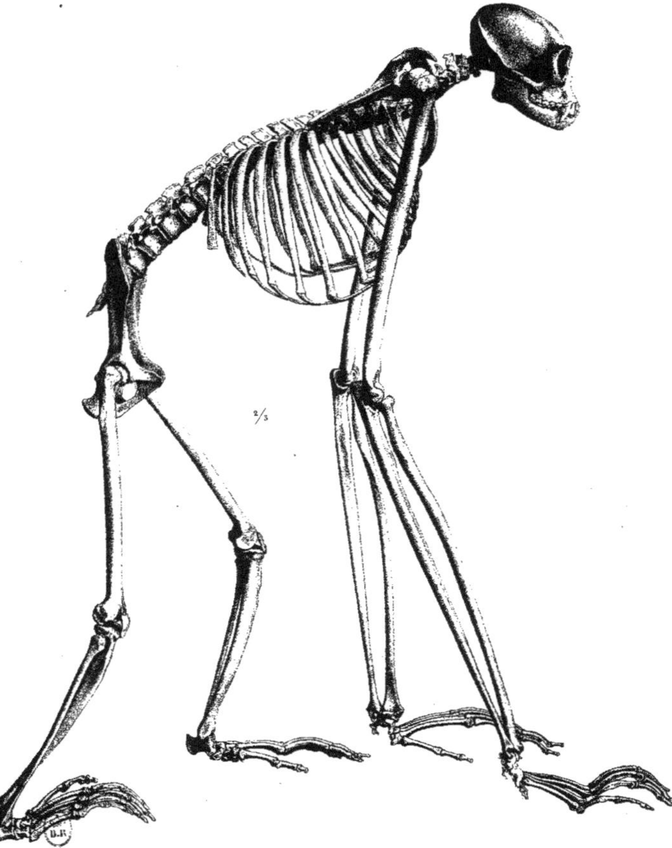

GIBBON VARIÉ.

(P. Variegatus.)

Werner. Del. Lith. de Becquet

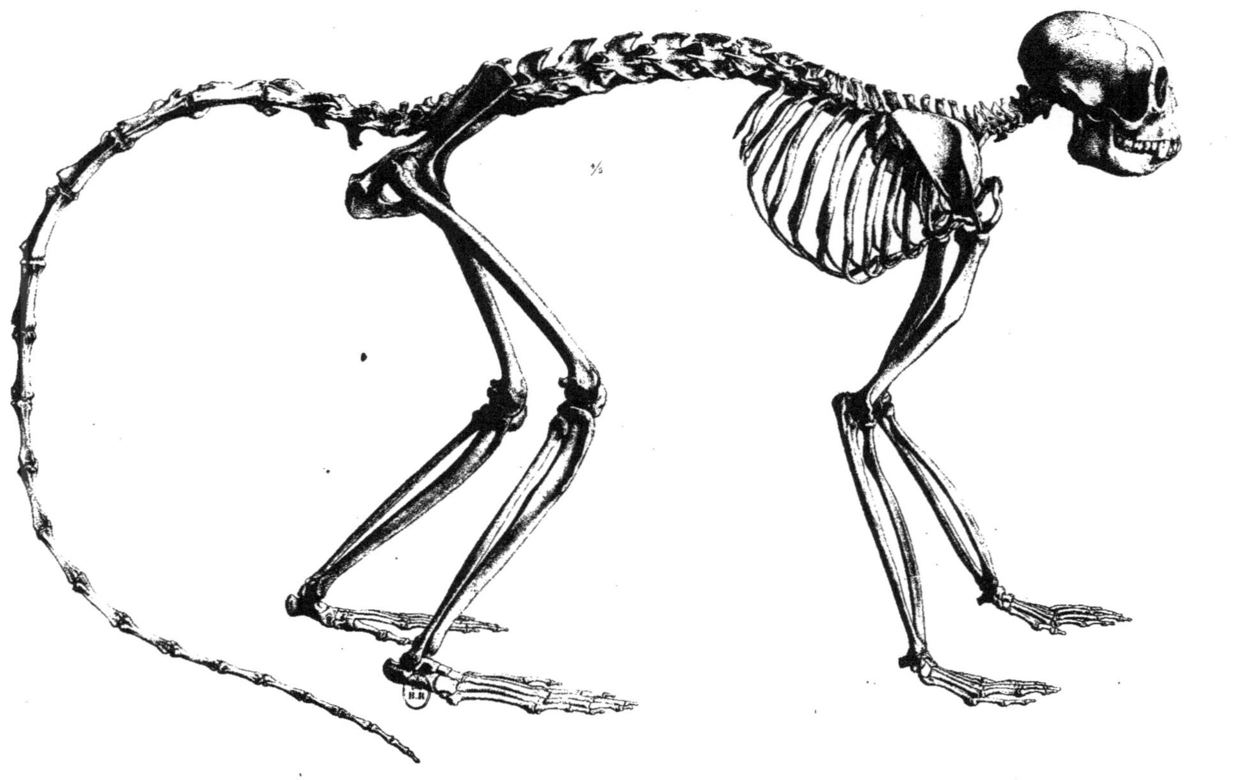

GUENON TALAPOIN.
(P. Talapoin.)

Werner Del. Lith. de Becquet.

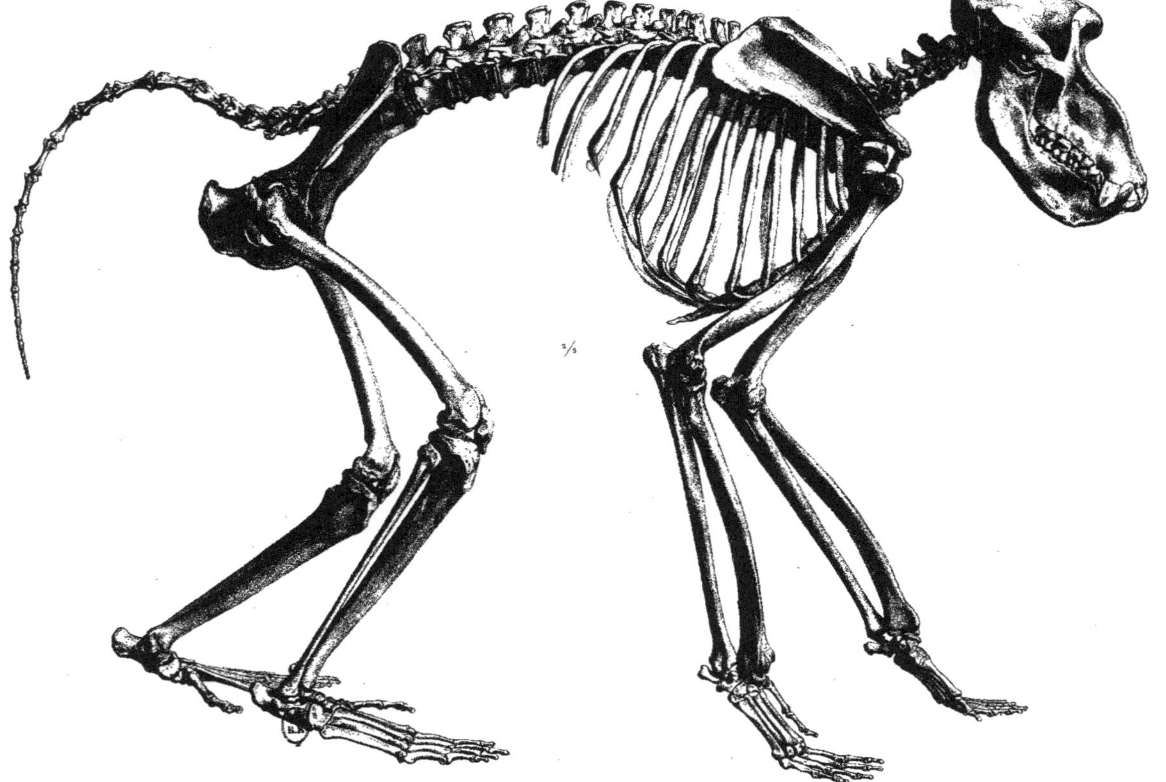

BABOUIN NOIR.

(P. Porcarius.)

Werner del. Lith. de Becquet.

CHIMPANZÉ TROGLODYTE.

(P. Troglodytes.)

Werner Del. Lith. de Becquet.

+ $\frac{1}{2}$ P. troglodytes.

$\frac{1}{1}$ P. Gesilla.

$\frac{1}{1}$ P. troglodytes.

$\frac{1}{1}$ P. satyrus.

Juniores.

$\frac{1}{1}$ P. satyrus. $\frac{1}{1}$ P. troglodytes.

$\frac{1}{1}$ P. Gesilla.

$\frac{1}{1}$ P. troglodytes.

$\frac{1}{1}$ P. satyrus.

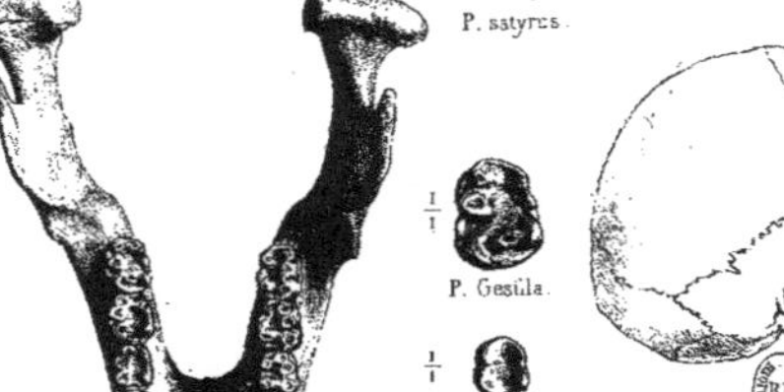

$\frac{1}{1}$ $\frac{1}{1}$ Junior.

Juniores.

$\frac{1}{1}$ $\frac{1}{1}$ P. satyrus. P. troglodytes.

P. GESILLA ♂ $\frac{1}{2}$.

Werner del. Lith. de Becquet frères.

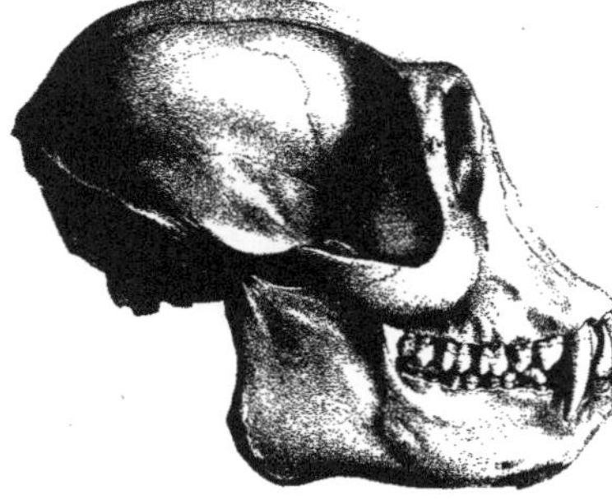

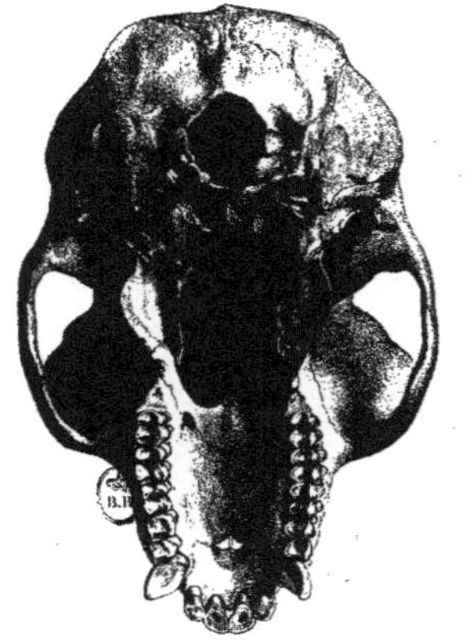

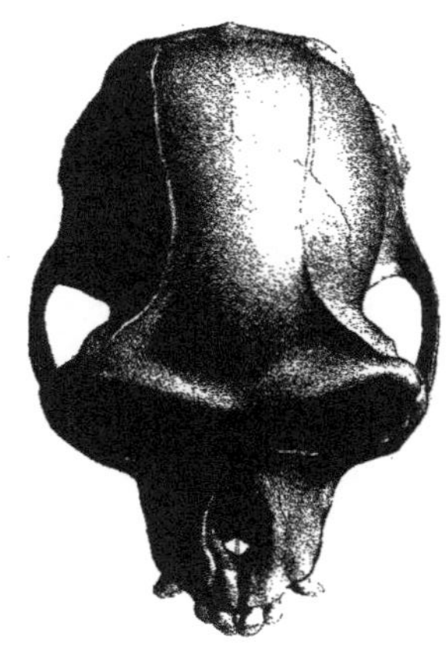

SEMNOPITHEQUE DOUC.

(P. Nemœus.)

Werner, Del.

Lith. de Becquet.

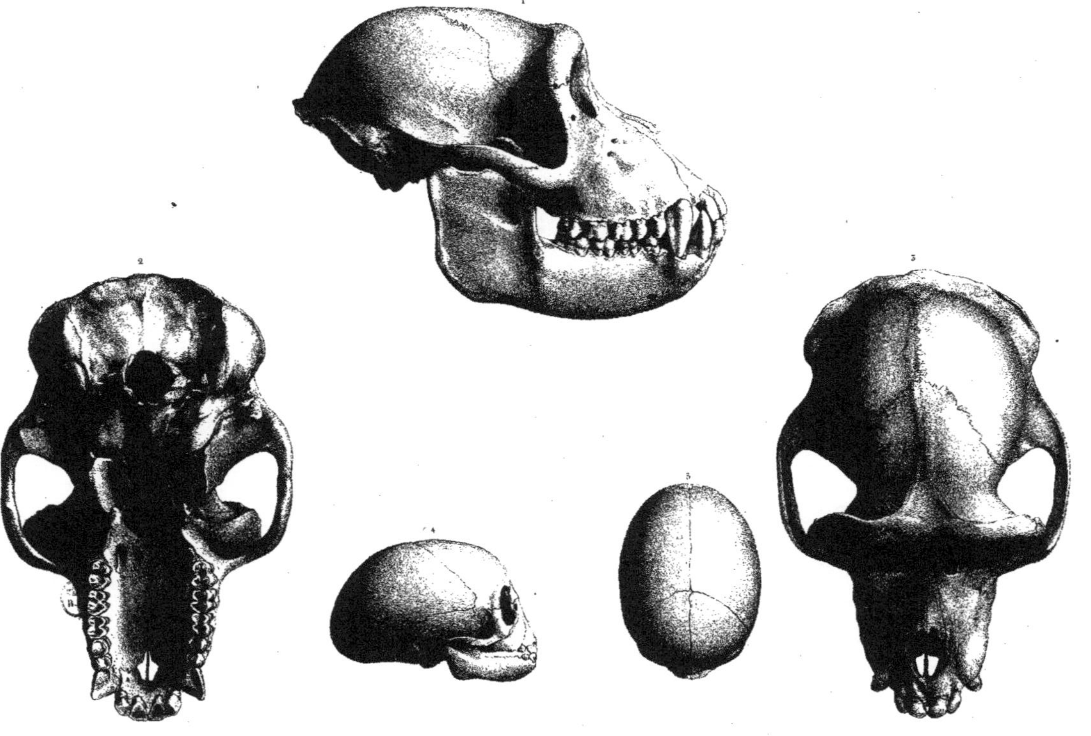

1. A 3. MACAQUE OURSIN, ET 4. 5. M. ORDINAIRE. (Naissant.)
(P. Arctoideus.) (P. Cynomolgos.)

Werner, Del. Lith. de Becquet.

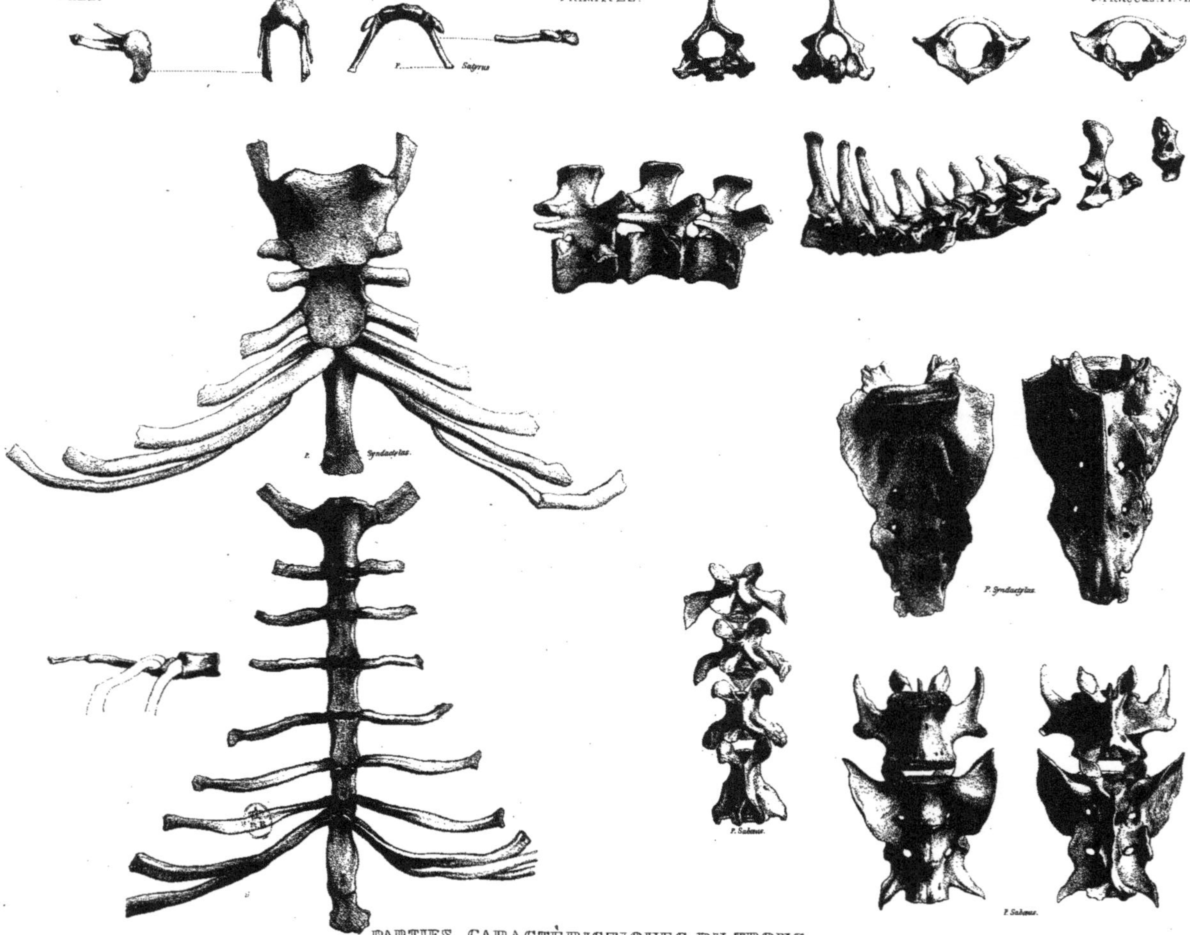

P. Satyrus

P. Syndactylus.

P. Syndactylus.

P. Sabæus.

P. Sabæus.

Werner. Del.

PARTIES CARACTÉRISTIQUES DU TRONC.

(P. inuus.)

Lith. de Becquet.

PARTIES CARACTÉRISTIQUES DES MEMBRES.

(P. Inuus.)

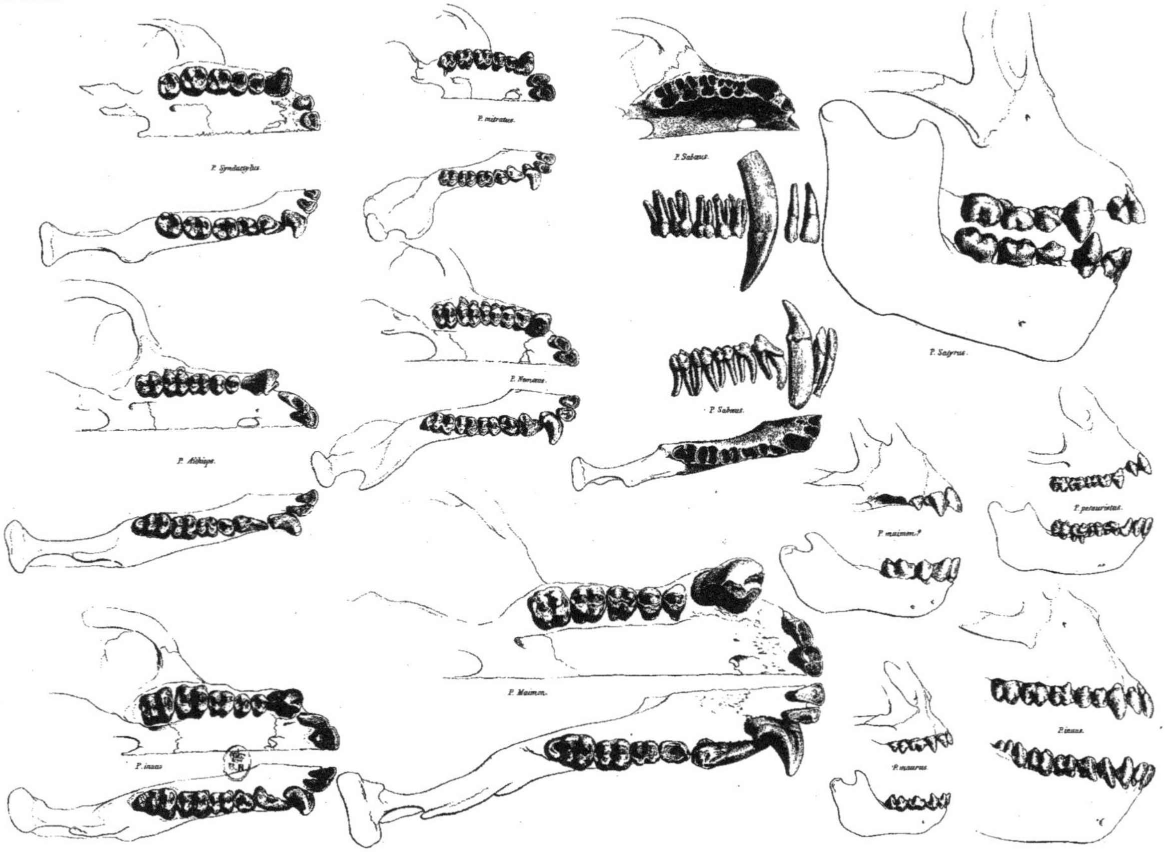

P. Syndactylus.

P. mitratus.

P. Sabæus.

P. Satyrus.

P. Æthiops.

P. Nemæus.

P. Sabæus.

P. maimon.?

P. petauristus.

P. Maimon.

P. inuus.

P. maurus.

P. inuus.

SINGES; SYSTÈME DENTAIRE.

Werner del. Lith. de Becquet.

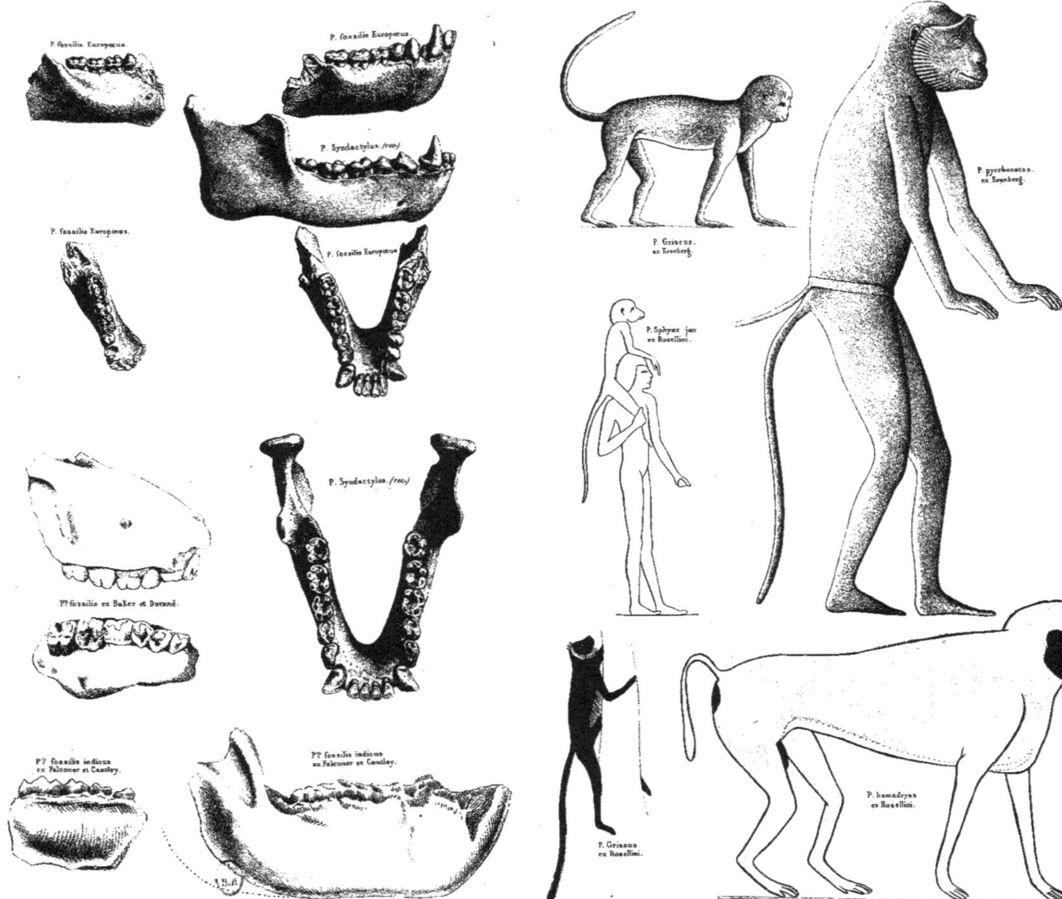

PITHECI ANTIQUI.

Werner Del. Lith. de Becquet.

1/2

ATÈLE BELZÉBUTH. ♂

(C. Brissonii.)

Werner. Del. Lith. de Becquet.

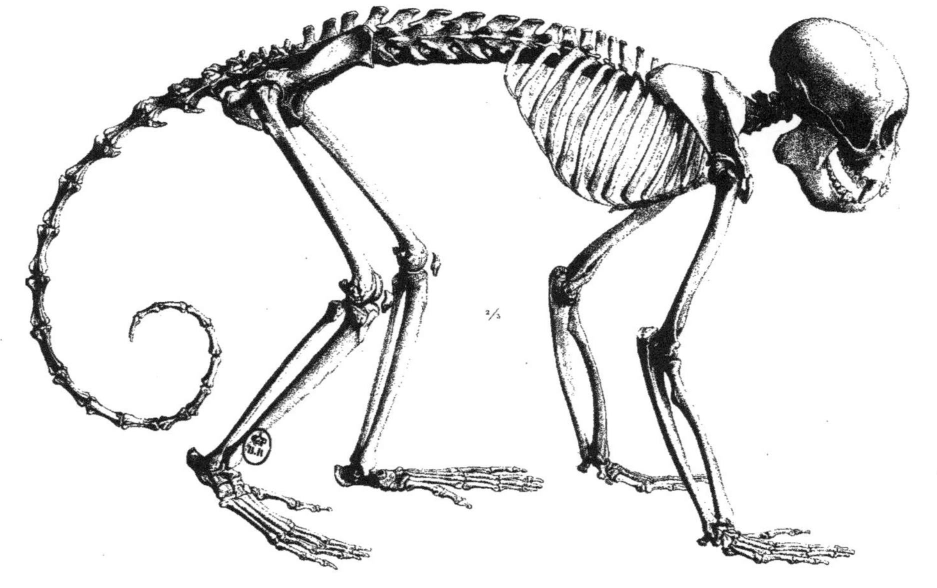

SAPAJOU BRUN.
(C. Apella.)

Werner Del. Lith. de Becquet.

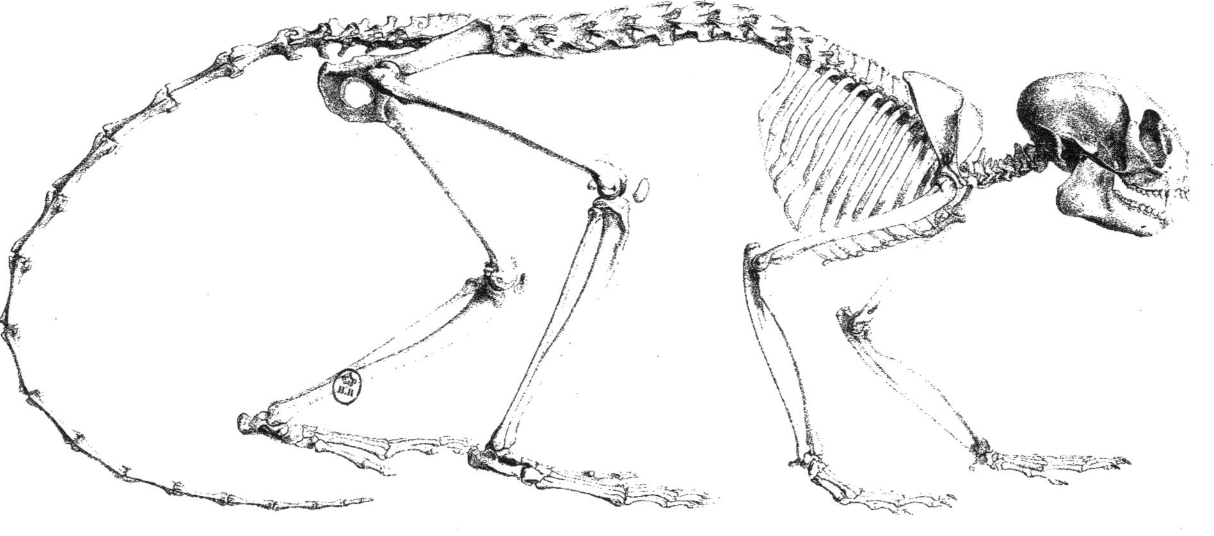

DOUROUCOULI. ¼
(C. Trivirgatus.)

Werner Del. Lith. de Becquet.

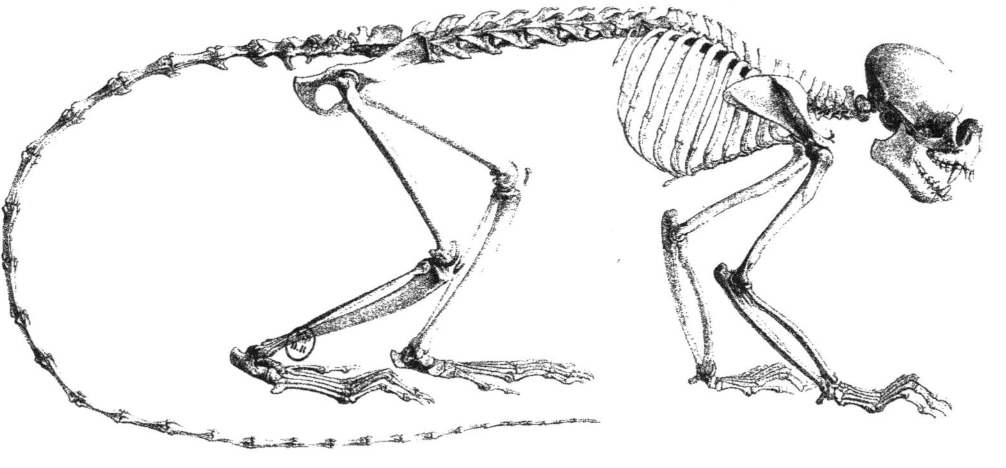

TAMARIN PINCHE. ♂

(Hapale Œdipus.)

Werner, Del. Lith. de Becquet.

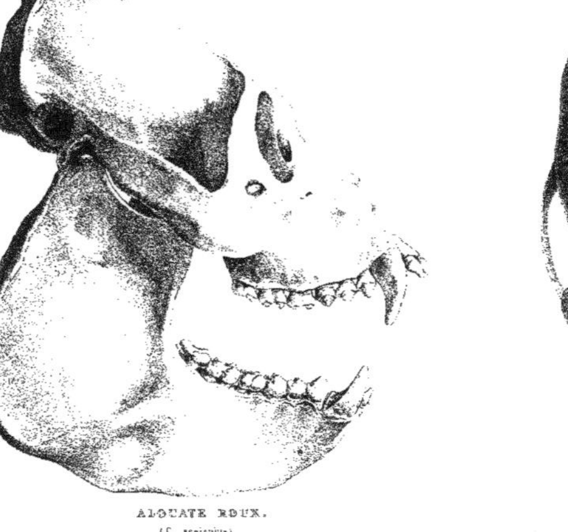

ALOUATE ROUX.
(C. seniculus)

ERIODE ARACHNOÏDE.
(C Arachnoides.)

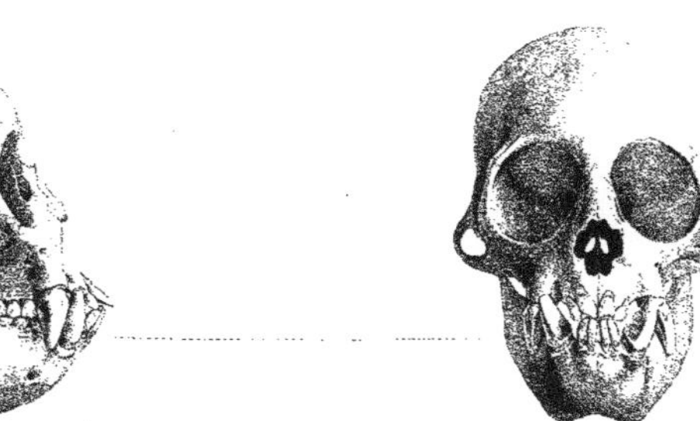

SAKI À TÊTE BLANCHE.
(C. Leucocephalus.)

Werner Del.

Lith. de Becquet.

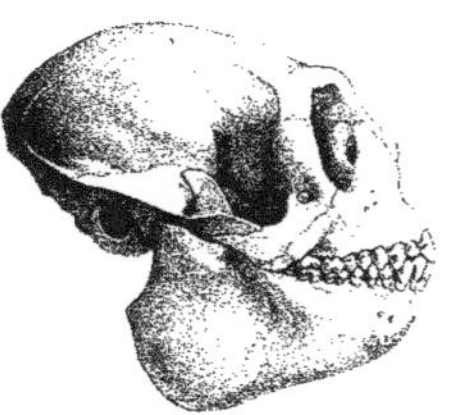
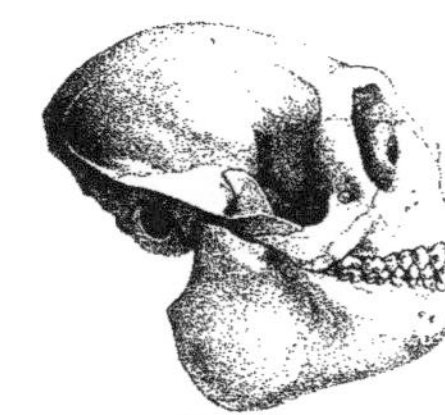
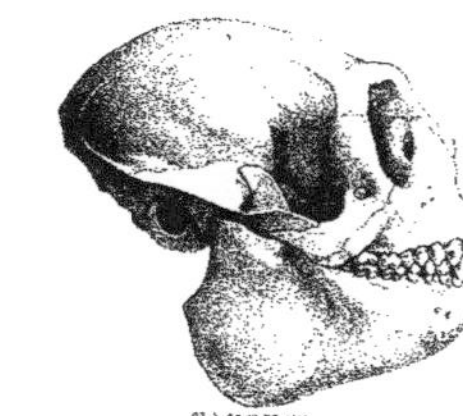
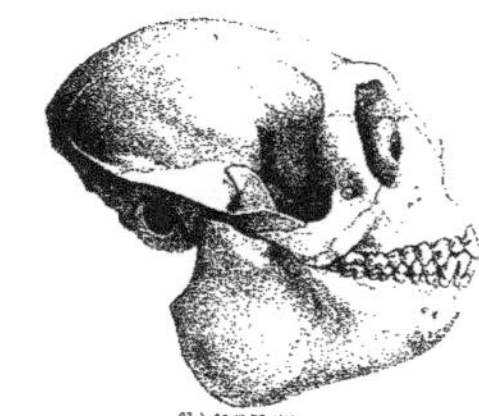
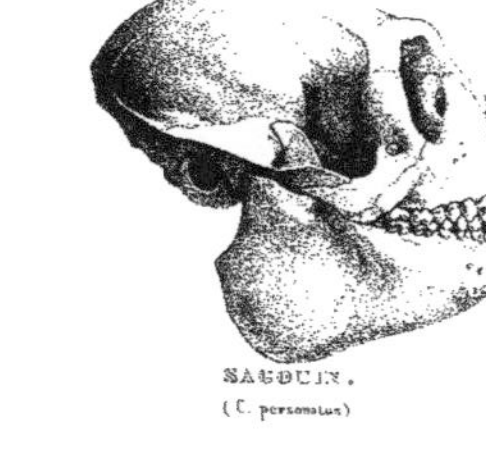

DOUROUCOULI.
(C. trivirgatus.)

SAGOUIN.
(C. personatus)

CHAMECK.
(C. pentadactylus. / *Jeune*)

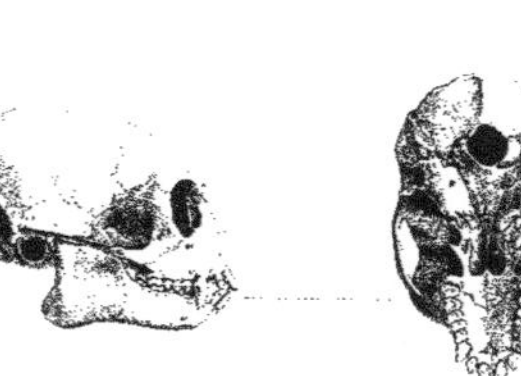
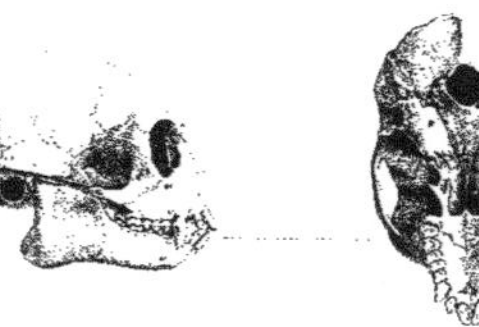
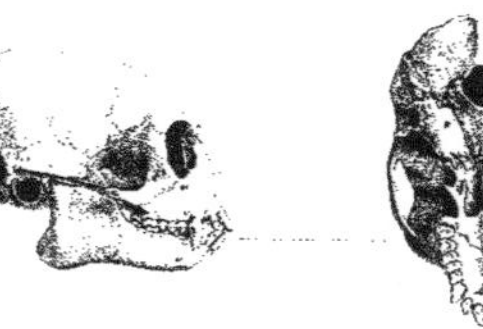

SAÏMIRI.
(C. Sciureus.)

OUISTITI.
(Hapale Jacchus.)

Werner Del.

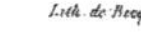

Lith. de Becquet.

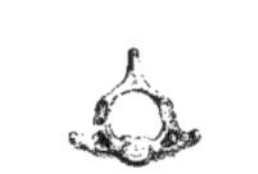

PARTIES CARACTÉRISTIQUES DU TRONC.

(Cebus Apella.)

Werner Del. lith. de Becquet.

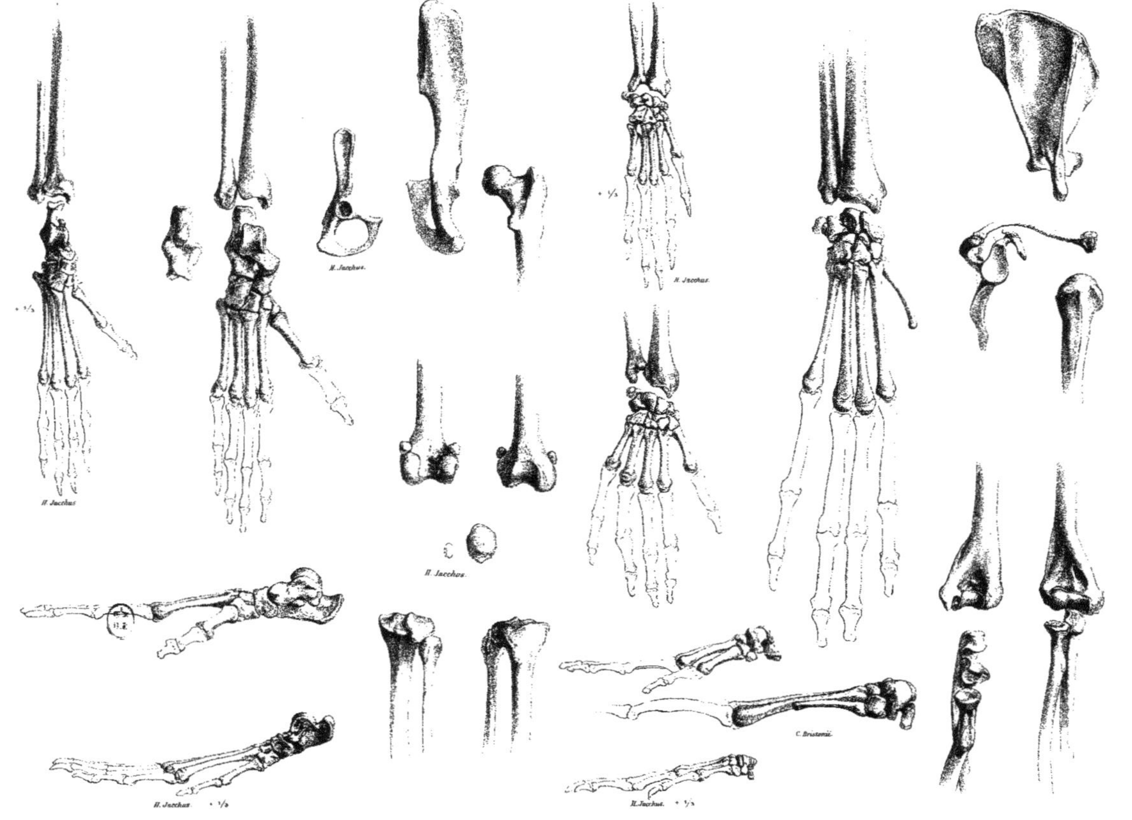

PARTIES CARACTÉRISTIQUES DES MEMBRES.

(Cebus Apella.)

Werner del. Lith. de Becquet.

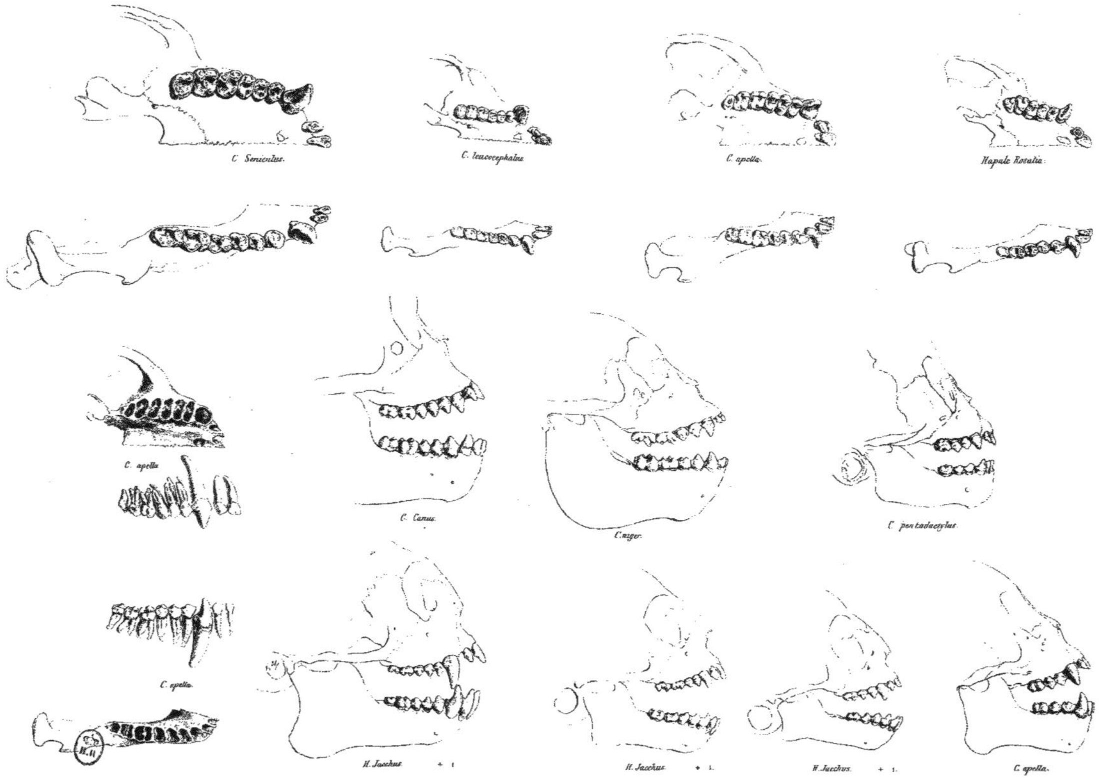

C. Seniculus. C. leucocephalus. C. apella. Hapale Rosalia.

C. apella. C. Canus. C. niger. C. pentadactylus.

C. apella. H. Jacchus + 1 H. Jacchus + 1. H. Jacchus + 1. C. apella.

SAPAJOUS; SYSTÊME DENTAIRE.

Werner Del. Lith de Becquet.

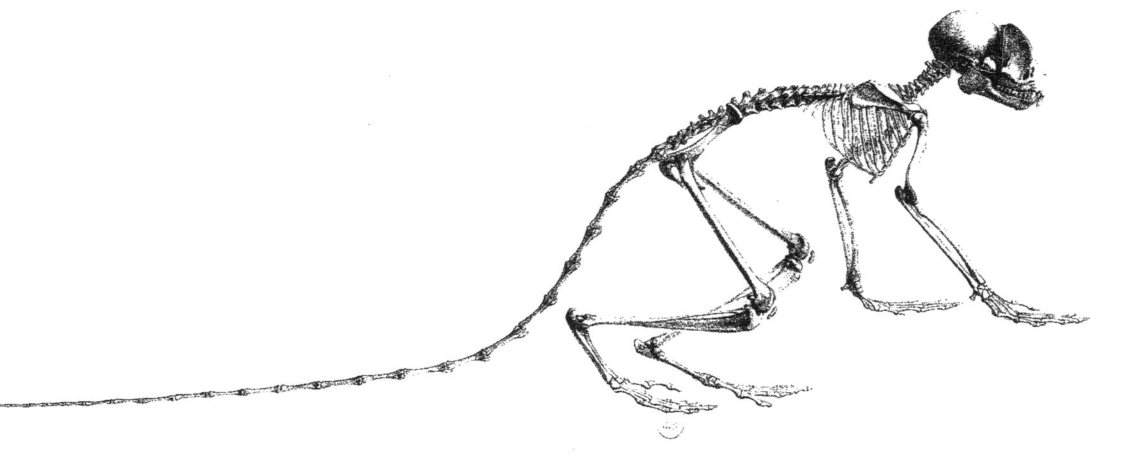

TARSIER DE DAUBENTON.

(L. Spectrum. 3)

Werner, Del. Lith. de Becquet

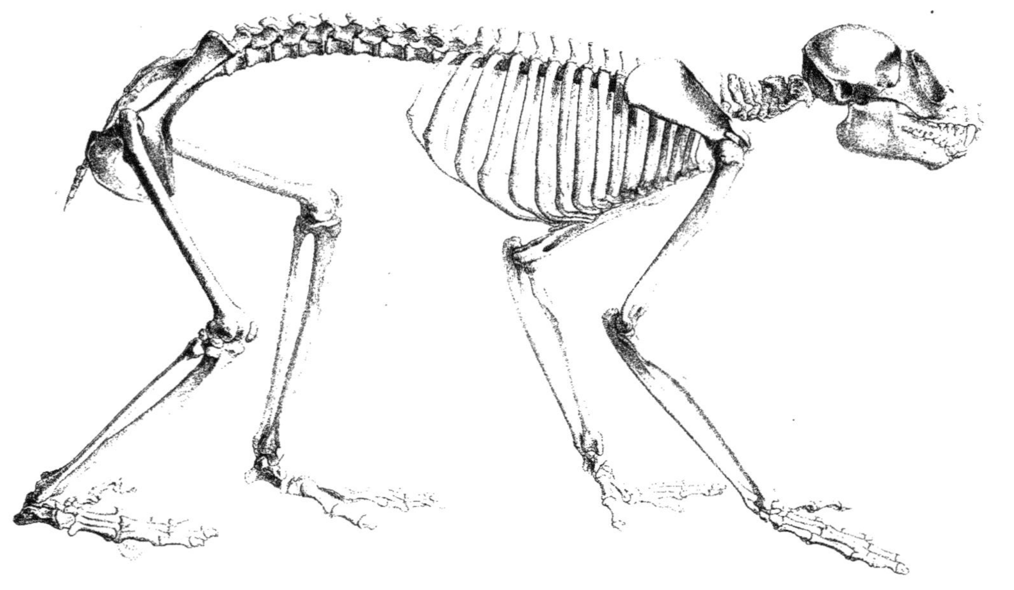

LORI PARESSEUX.
(L. tardigradus.)

Werner Del. Lith. de Becquet.

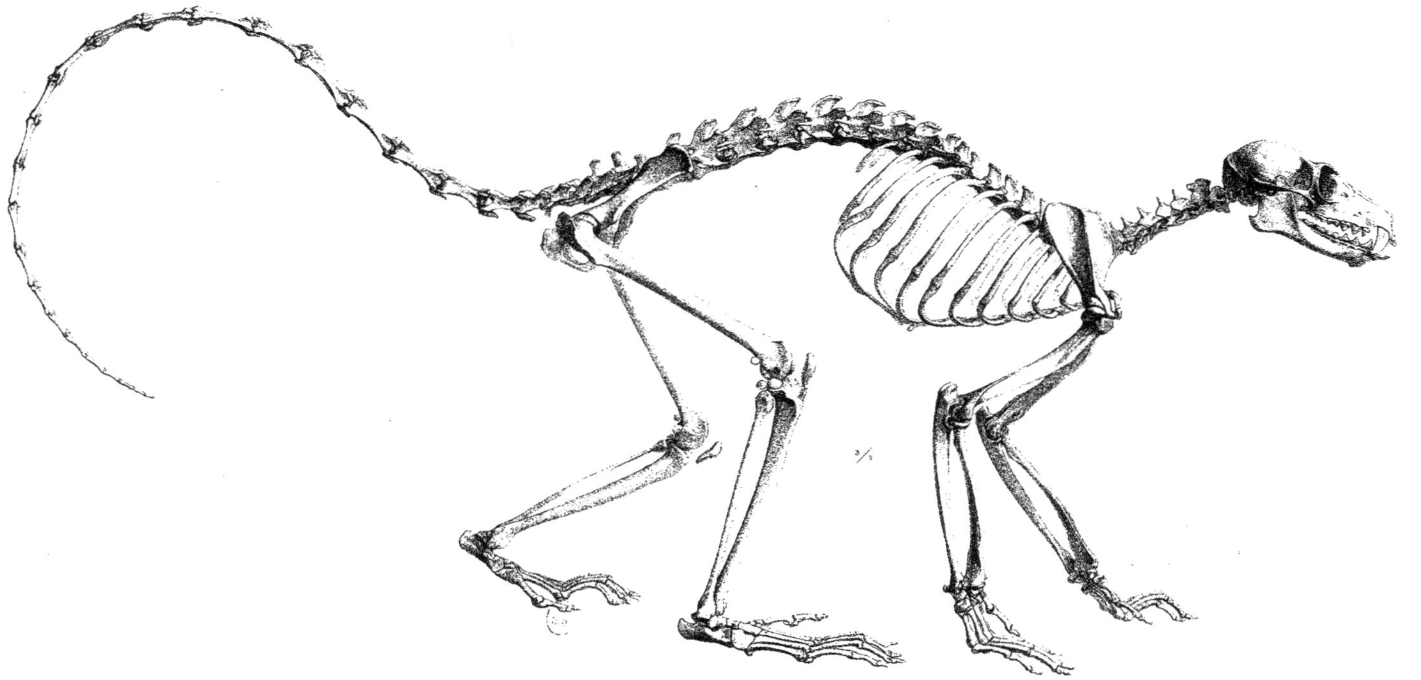

MAKI VARI.
(L. Macoco.)

Werner Del. Lith. de Becquet.

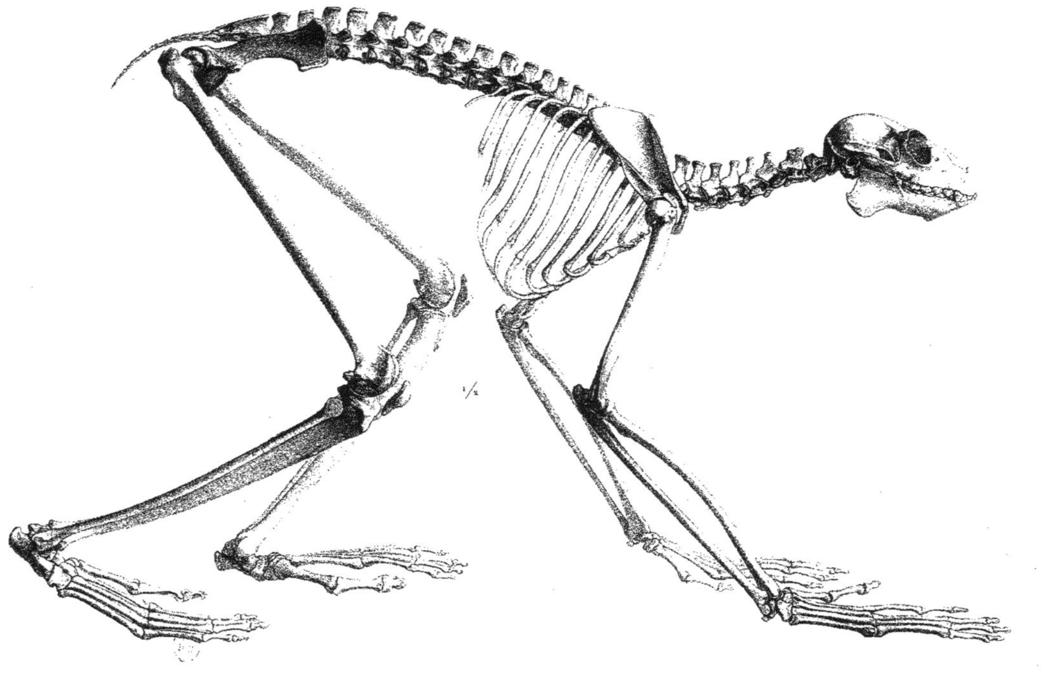

INDRI. ♀

(Lichanotus Indri. ♀)

Werner, Del. Lith. de Becquet.

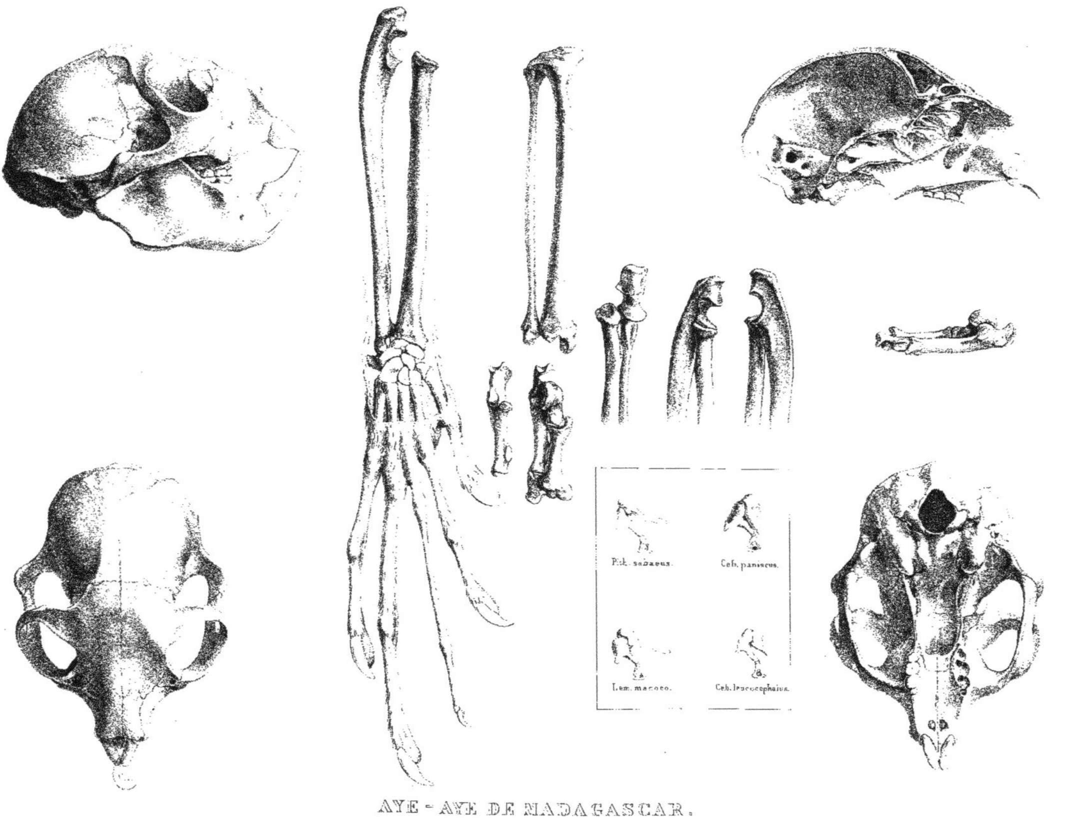

AYE-AYE DE MADAGASCAR.

(L. psilodactylus.)

Werner Del. Lith. de Becquet.

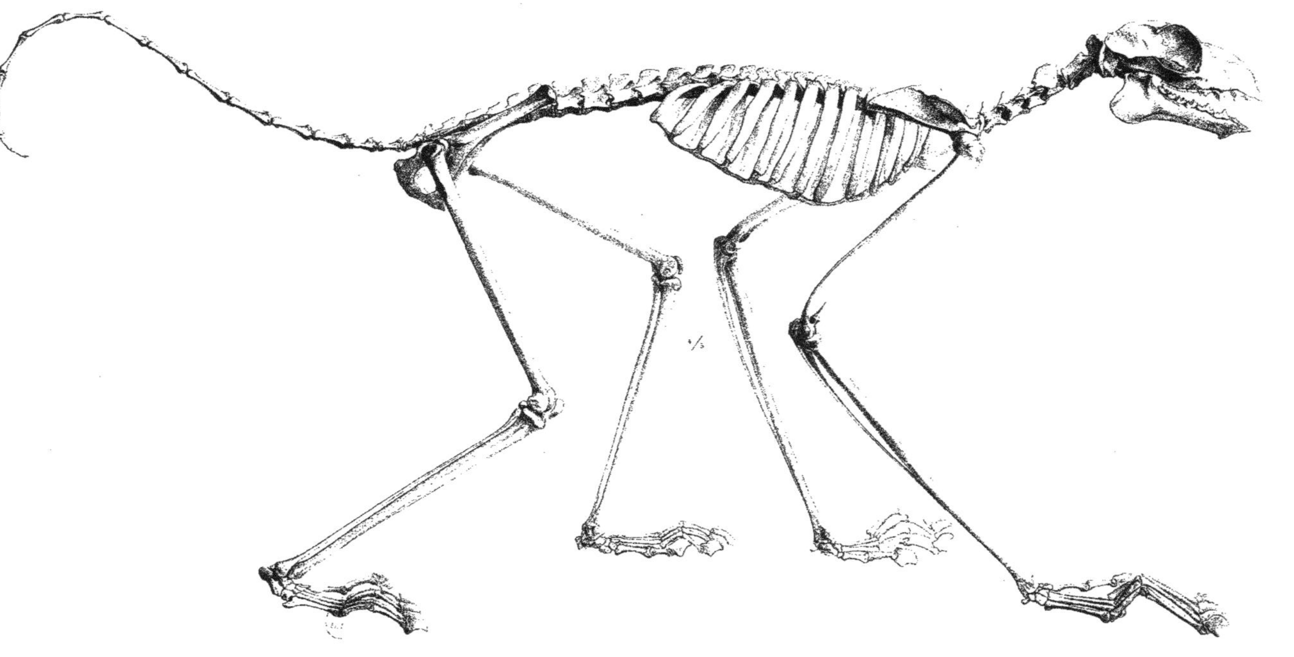

GALÉOPITHÈQUE VOLANT.

(Galeopithecus volans.)

Werner, del. Lith. de Becquet.

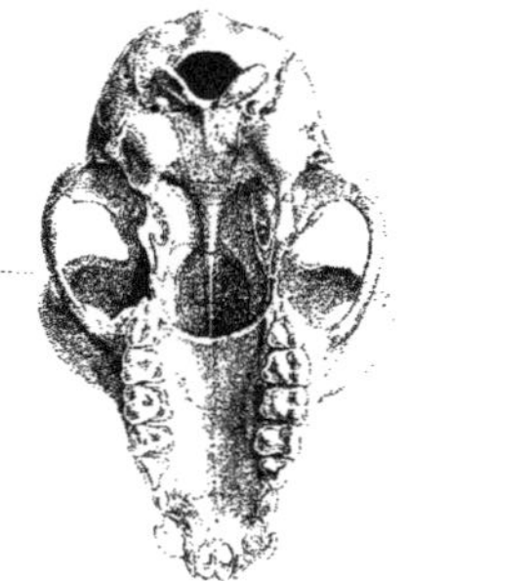

MAKI À FRONT BLANC.
(L. Albifrons.)

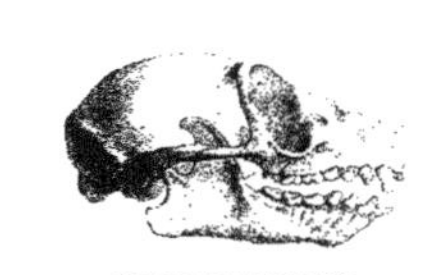

MAKI À FOURCHE.
(L. Furcifer.)

MAKI DE MILIUS.
(L. Milii ♂)

GRAND GALAGO.
(L. Crassicaudatus.)

LORI GRÊLE.
(L. Gracilis.)

Werner del. Lith. de Becquet.

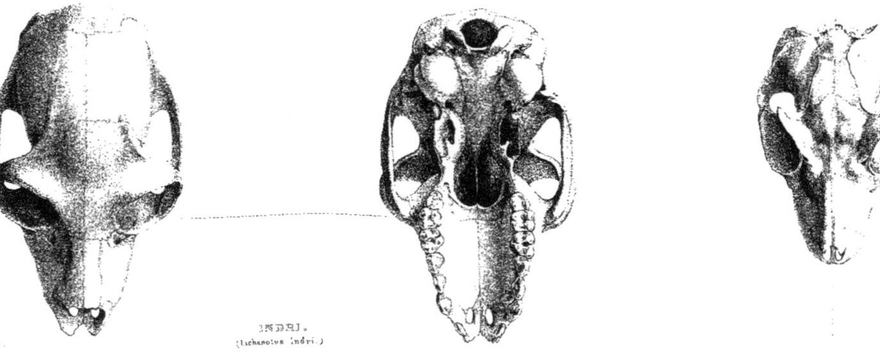

INDRI.
(Lichanotus Indri.)

PROPITHÈQUE À DIADÈME.
(Lich. diadema.)

INDRI À BOURRE.
(Lich. laniger.)

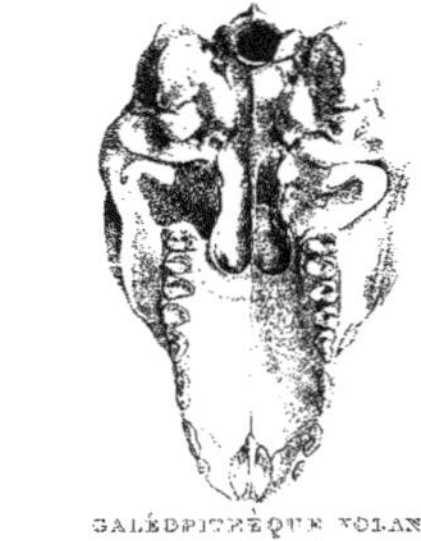

GALÉOPITHÈQUE VOLANT.
(Galeopithecus volans.)

Werner, Del.

lith. de Becquet.

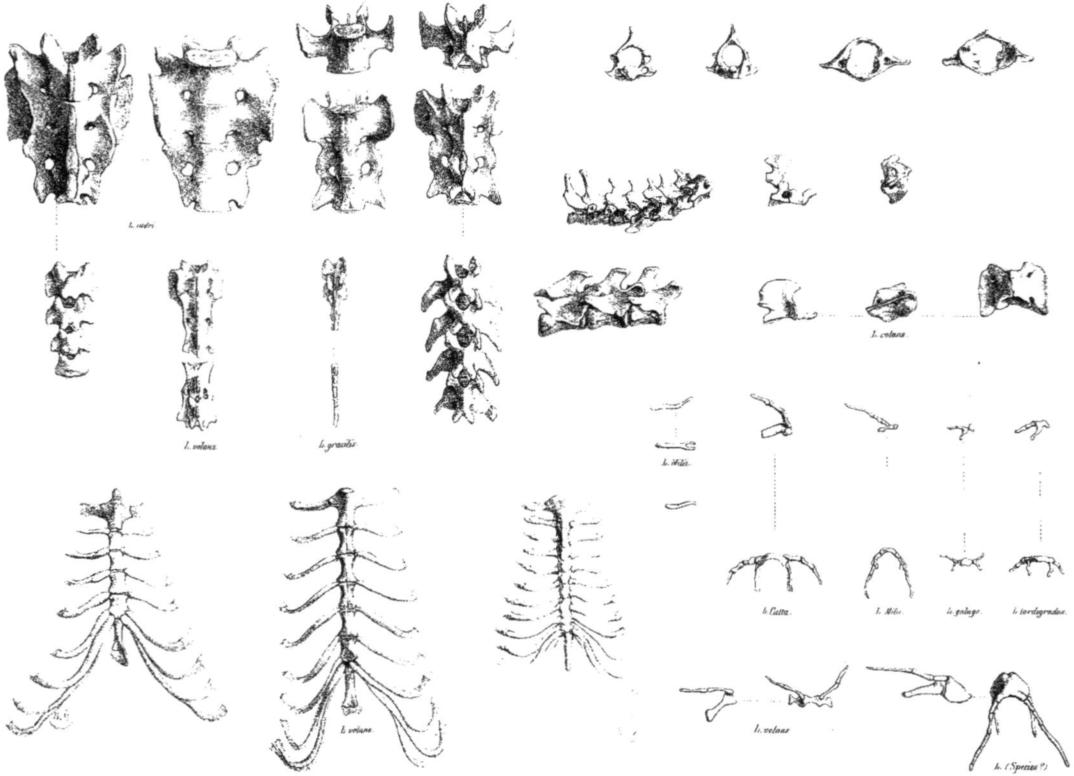

PARTIES CARACTÉRISTIQUES DU TRONC.

(L. albifrons.)

Werner Del. Lith. de Becquet.

L. gracilis.

L. murinus. + 1.

L. Galago. + 1/2

L. indri.

L. volans.

L. volans. + 1/2

L. indri.

L. laniger.

L. Milii. + 1/2

L. volans.

L. gracilis. + 1/3

PARTIES CARACTÉRISTIQUES DES MEMBRES.

(L. albifrons.)

Hecaen Del. Lith. de Becquet.

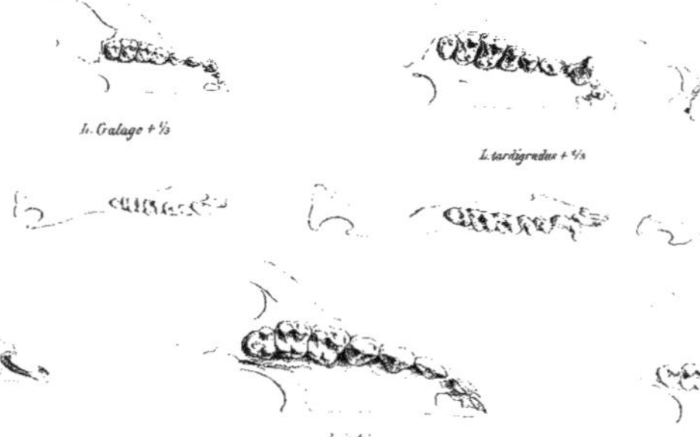
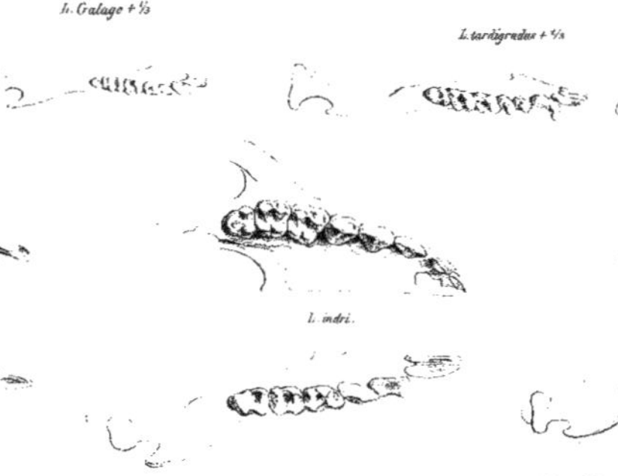
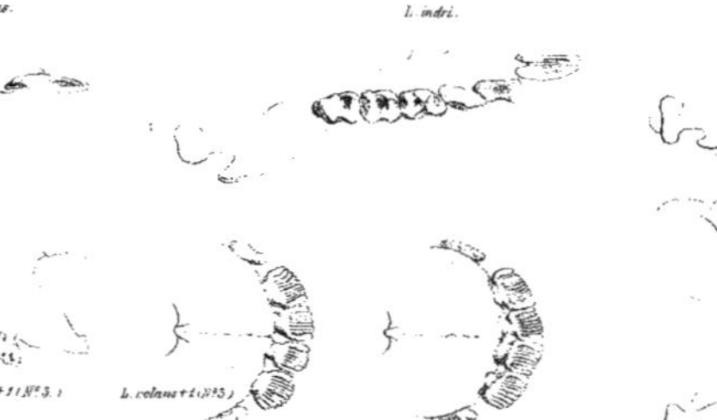
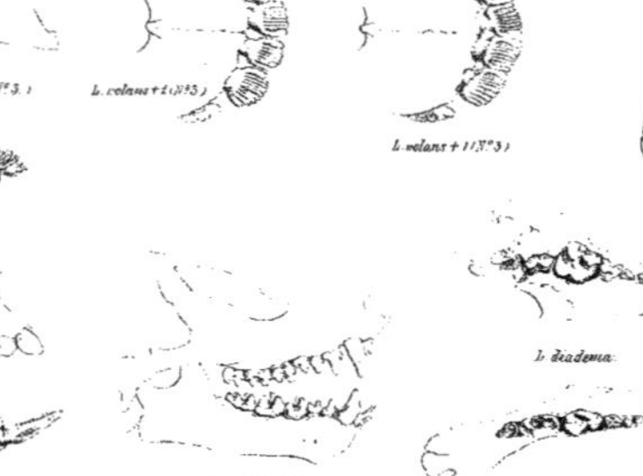
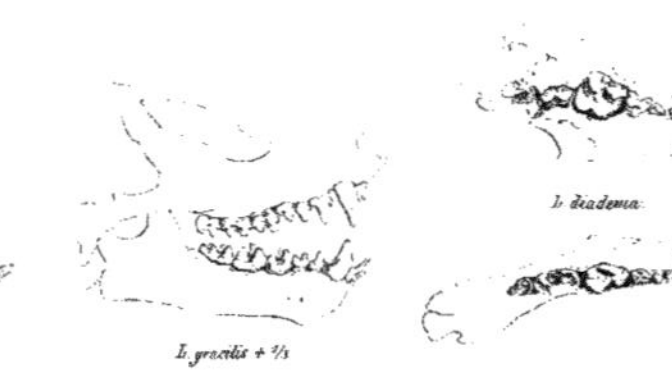
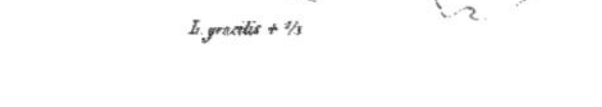

MAKIS, SYSTÊME DENTAIRE.

Werner. Del. lith. de Becquet.

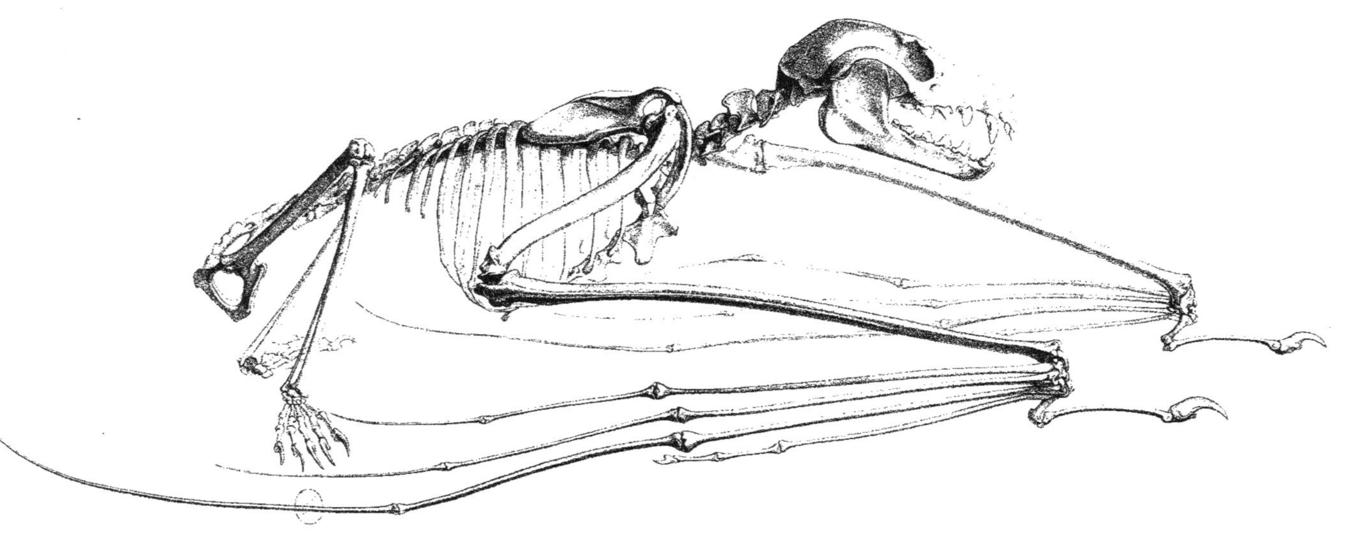

ROUSSETTE À CRINIÈRE.
(Pteropus) jubatus.

Werner Del. Lith. de Becquet

MAMMIFÈRES. CARNASSIERS.

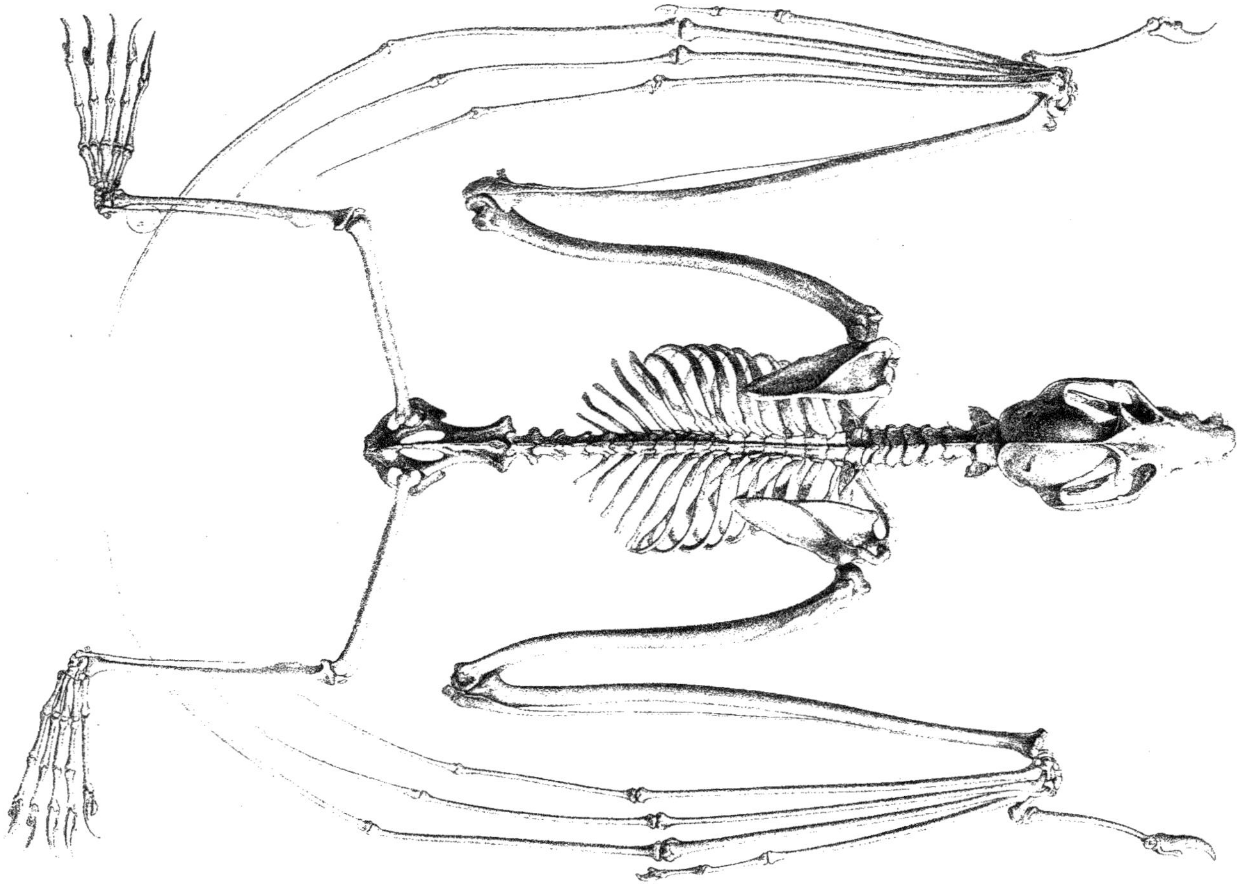

ROUSSETTE A CRINIÈRE.

V. (Pteropus.) jubatus

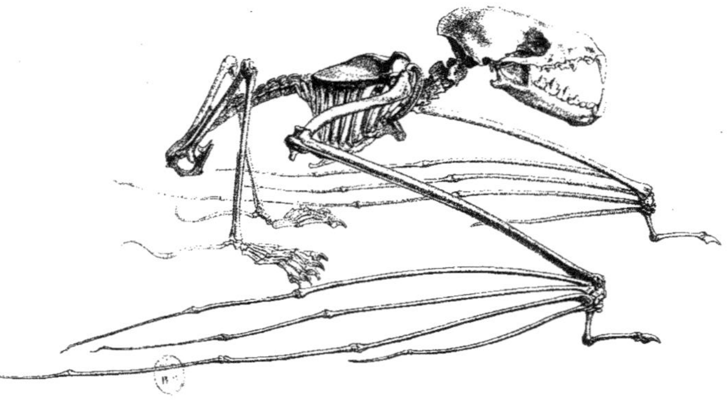

VAMPIRE.
V. (*Phyllostoma.*) Spectrum.

Werner Del. Lith. de Becquet.

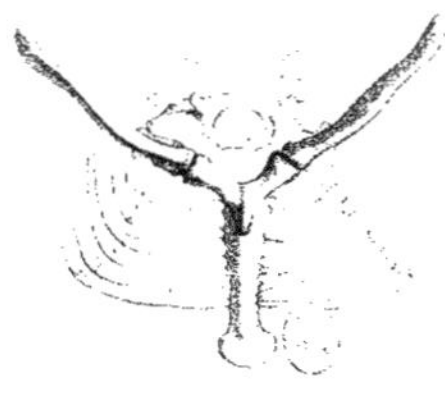

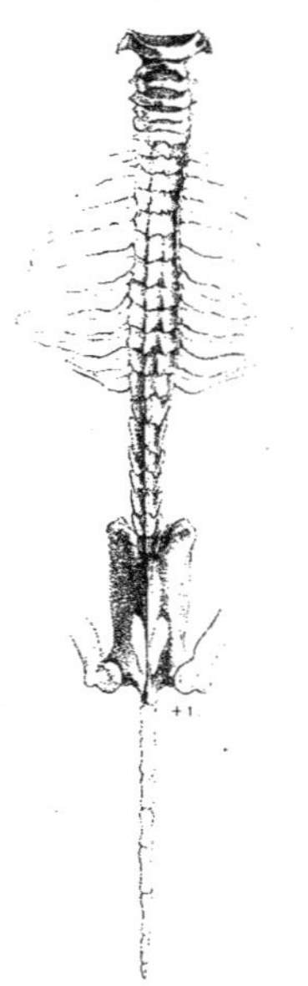

CH.-S. BEC DE LIÈVRE.
Noctilio leporinus var dorsatus ¼

Werner del. Lith. de Bonquet.

CHAUVE-SOURIS MURIN.
(V. murinus.)

MOLOSSE OURSIN.
V. (*Molossus*) ursinus.

Werner, Del. Lith. de Becquet.

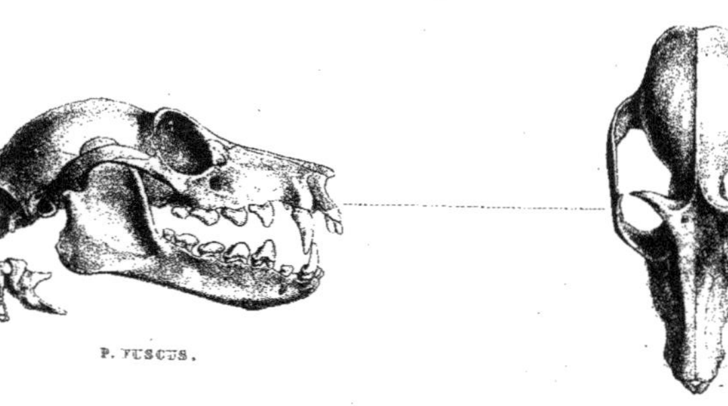

P. FUSCUS.

P. STRAMINEUS ♂

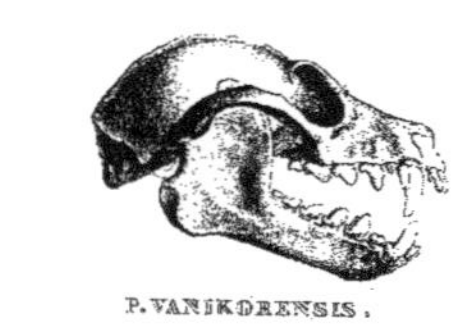

P. VANIKORENSIS.

P. PERONII.

P. MACROCEPHALUS ♂

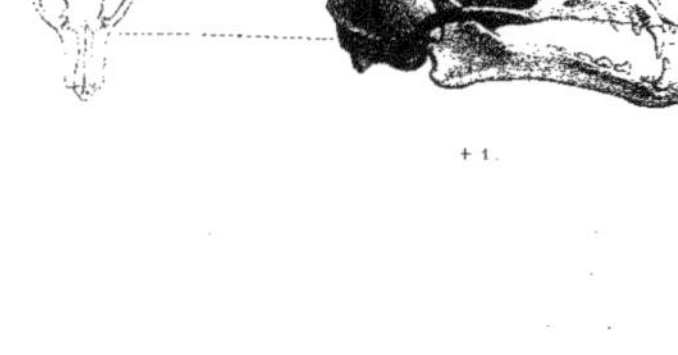

P. MINIMUS.

CHAUVES-SOURIS ROUSSETTES.

(Pteropus.)

Werner Del. Lith. de Becquet.

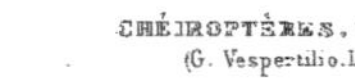

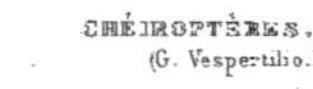
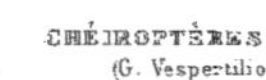
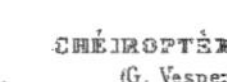

GLOSSOPHAGA SORICINUM +1.

PHYLLOSTOMA HASTATUM +1.

MEGADERMA LYRA +1.

DESMODUS RUFUS +1.

RHINOLOPHUS FERRUM-EQUINUM +1.

STENODERMA JAMAÏCENSE +1.

NYCTERIS HISPIDA +1.

STENODERMA CAVERNARUM +1.

CHAUVES-SOURIS À FEUILLE NASALE.

Werner. Del. Lith. de Becquet.

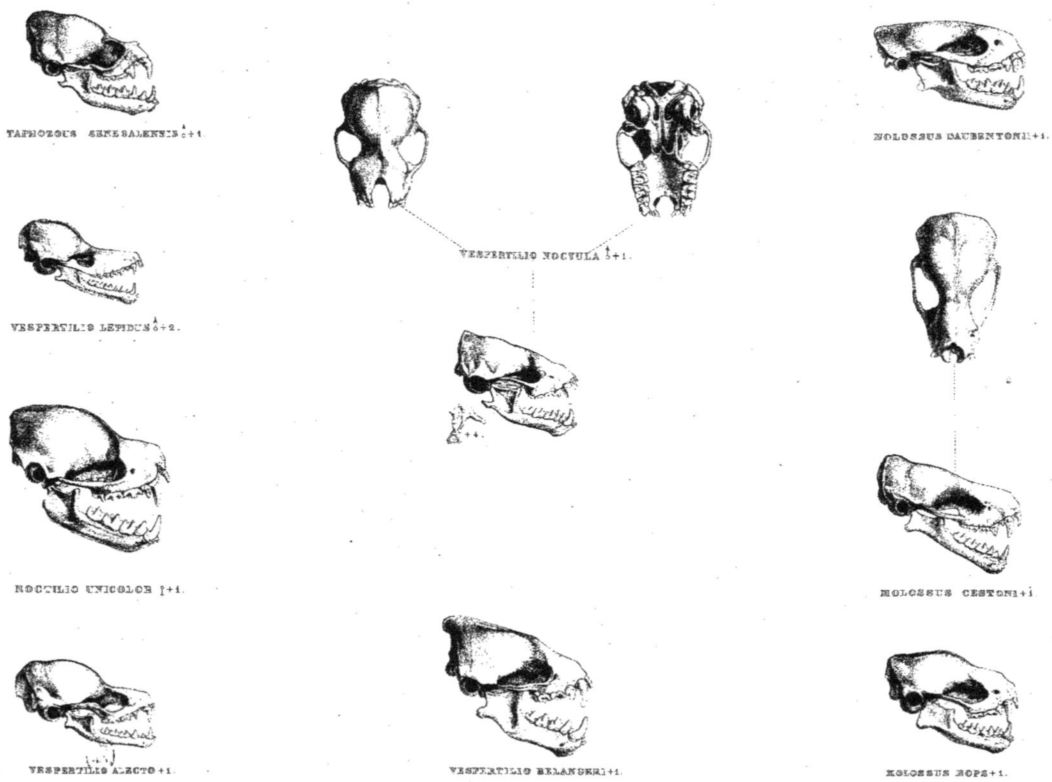

TAPHOZOUS SENEGALENSIS $\hat{o}$+1.

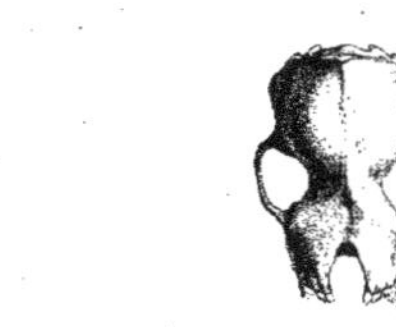

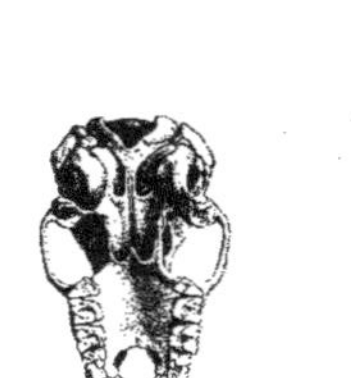

VESPERTILIO NOCTULA $\hat{o}$+1.

MOLOSSUS DAUBENTONII+1.

VESPERTILIO LEPIDUS $\hat{o}$+2.

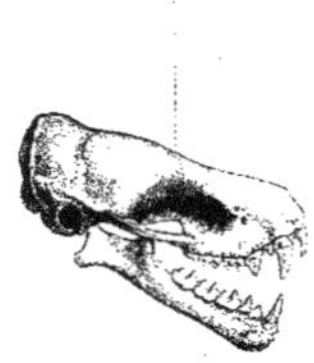

NOCTILIO UNICOLOR $\hat{o}$+1.

MOLOSSUS CESTONII+1.

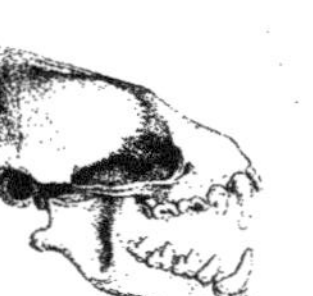

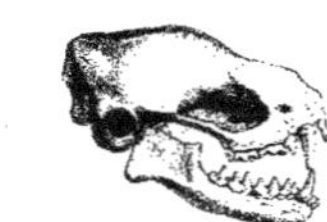

VESPERTILIO ALECTO+1.

VESPERTILIO BELANGERI+1.

MOLOSSUS ROPS+1.

CHAUVES-SOURIS SANS FEUILLE NASALE.

Werner Del. Lith. de Becquet.

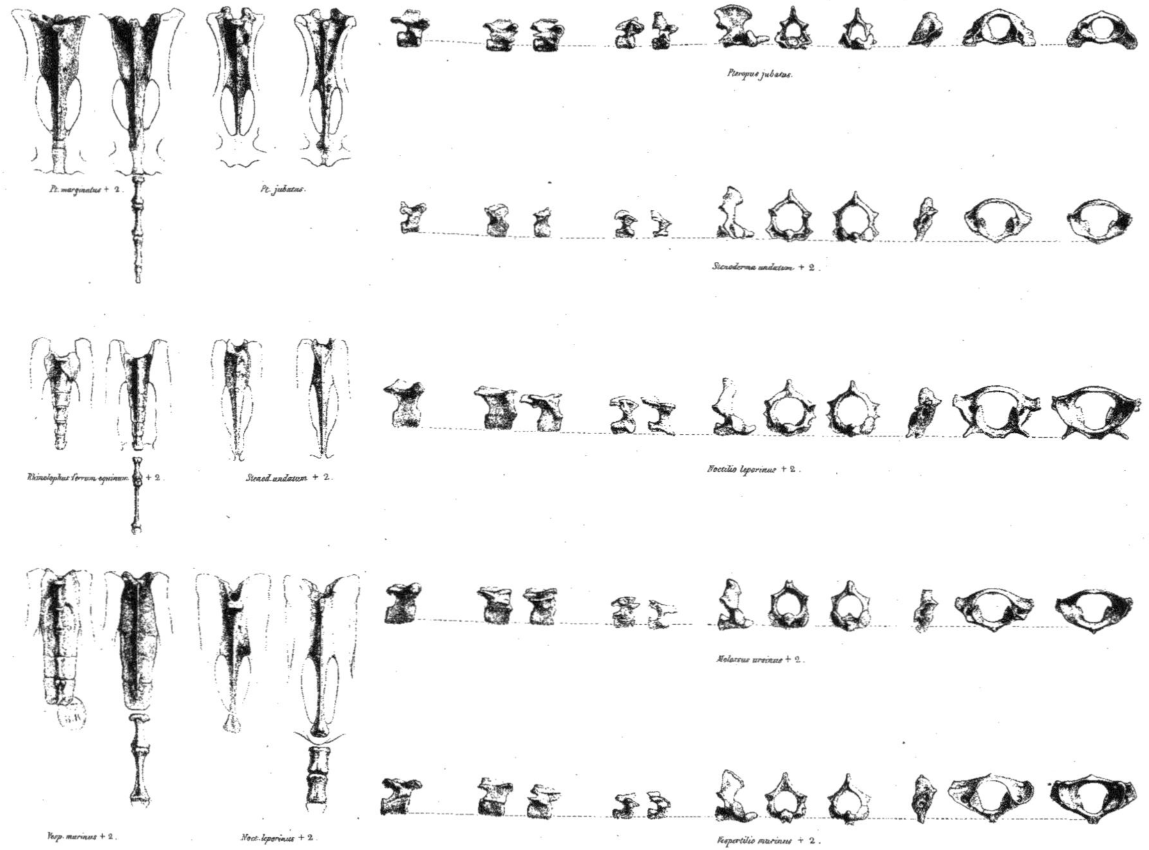

Pt. marginatus + 2.
Pt. jubatus.
Pteropus jubatus.
Stenoderma undatum + 2.
Rhinolophus ferrum equinum + 2.
Stenod. undatum + 2.
Noctilio leporinus + 2.
Molossus ursinus + 2.
Vesp. murinus + 2.
Noct. leporinus + 2.
Vespertilio murinus + 2.

PARTIES CARACTÉRISTIQUES DU TRONC.

(Série vertébrale.)

Werner, Del. Lith. de Becquet

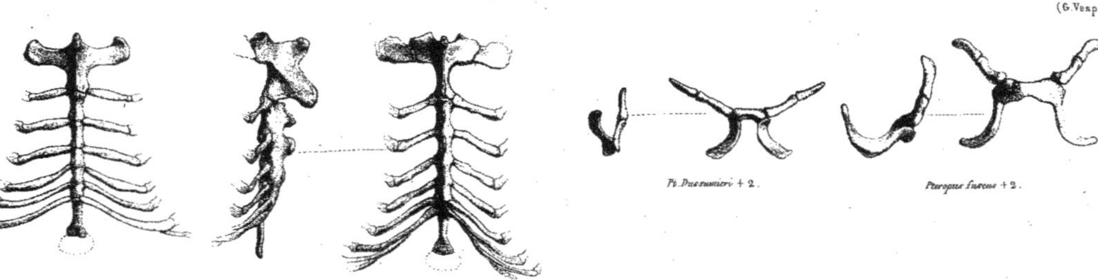

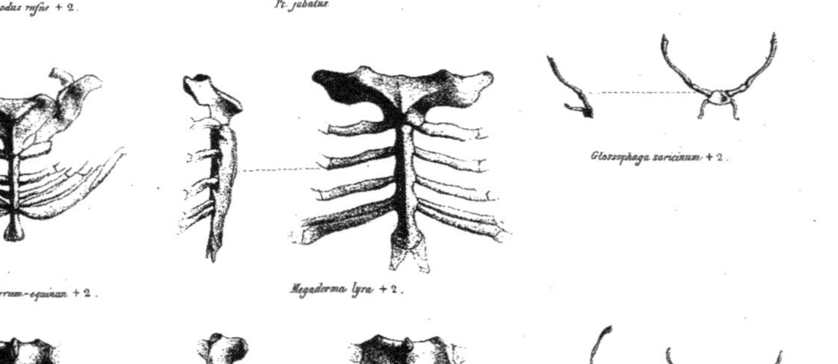

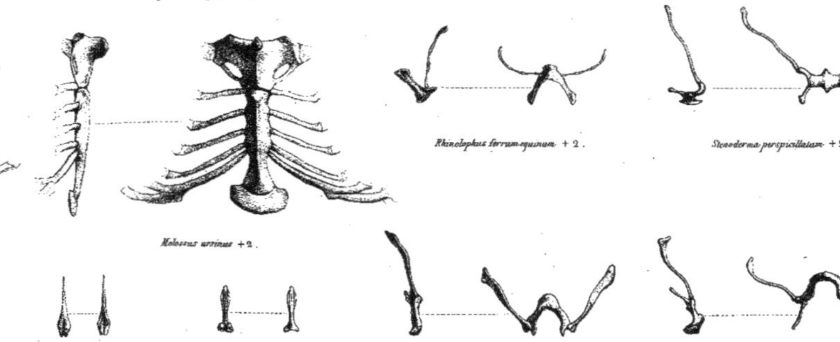

Vesp. murinus + 2. Rhinol. bihastatus + 2. Vesp. noctula + 2. Rhinol. ferrum-equinum + 2. Vespertilio murinus + 2 Molossus ursinus + 2.

PARTIES CARACTÉRISTIQUES DU TRONC.

(Série Sternébrale.)

Werner, Del. Lith. de Becquet.

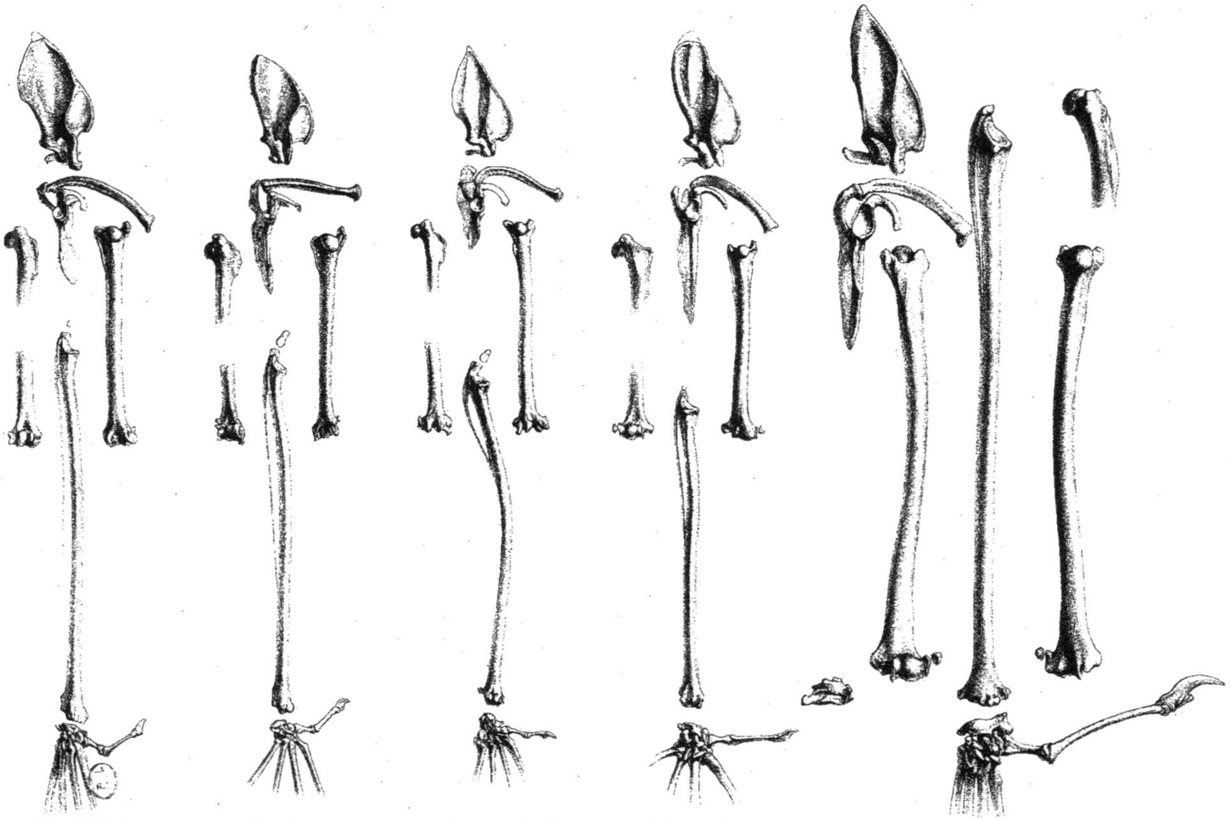

Vespertilio murinus + 1. *Molossus ursinus* + 1. *Rhinol. ferrum-equinum* + 1. *Stenoderma undatum* + 1. *Pteropus jubatus.*

PARTIES CARACTÉRISTIQUES DES MEMBRES.
(M. antérieurs.)

Werner. Del. Lith. de Becquet.

(G. Vesperulio. L.)

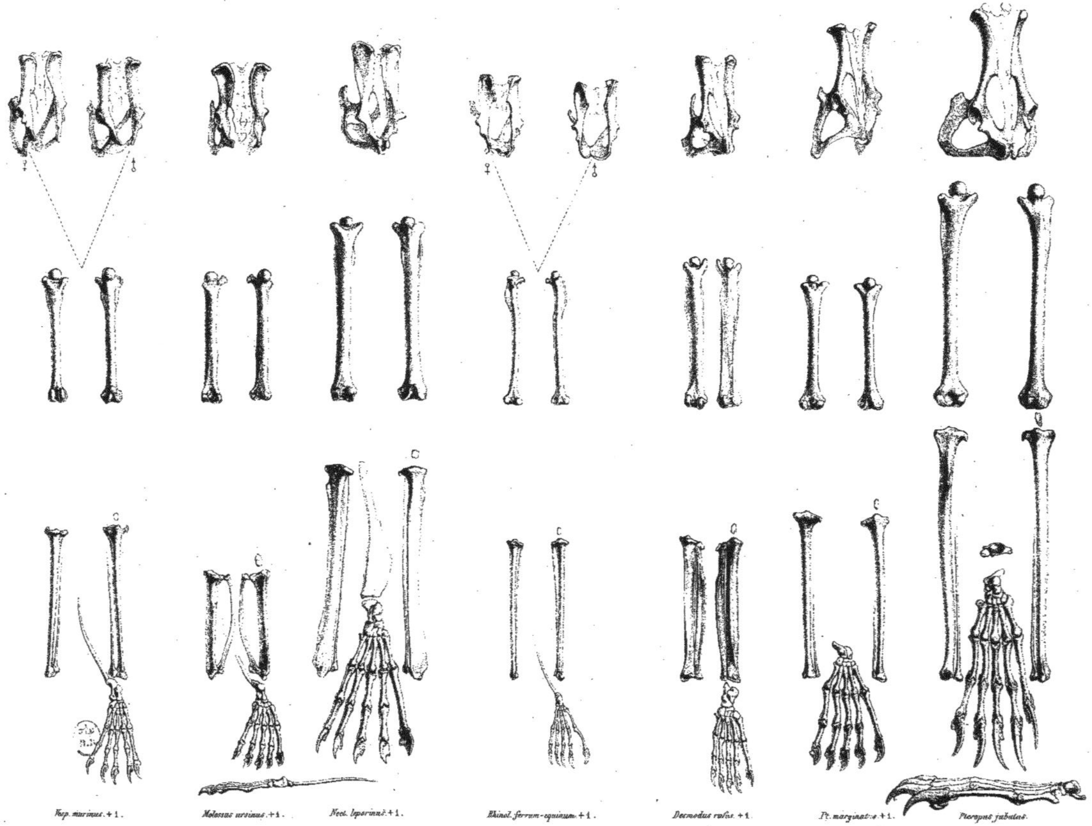

Vesp. murinus. +1. Molossus ursinus. +1. Noct. leporinus. +1. Rhinol. ferrum-equinum. +1. Desmodus rufus. +1. Pt. marginatus. +1. Pteropus jubatus.

PARTIES CARACTÉRISTIQUES DES MEMBRES.

(M. postérieurs.)

Werner Del. Lith. de Becquet.

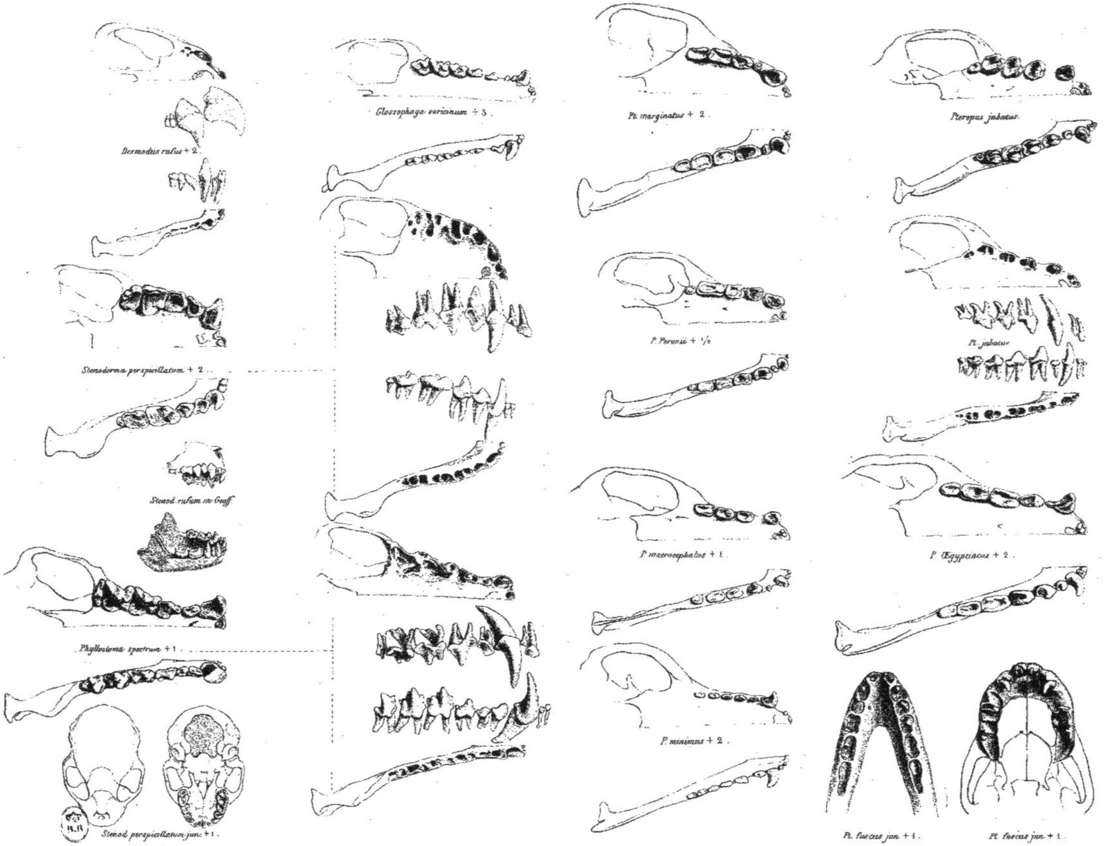

Desmodus rufus + 2.

Glossophaga soricinum + 3.

Pt. marginatus + 2.

Pteropus jubatus.

P. Peronii + 1/2

Pt. jubatus

Stenoderma perspicillatum + 2.

Stenod. rufum ex Geoff.

P. macrocephalus + 1.

P. Œgyptiacus + 2.

Phyllostoma spectrum + 1.

P. minimus + 2.

Stenod. perspicillatum jun. + 1.

Pt. fuscus jun. + 1.

Pt. fuscus jun. + 1.

CHAUVES-SOURIS, SYSTÈME DENTAIRE.

Werner Del.

Lith. de Becquet.

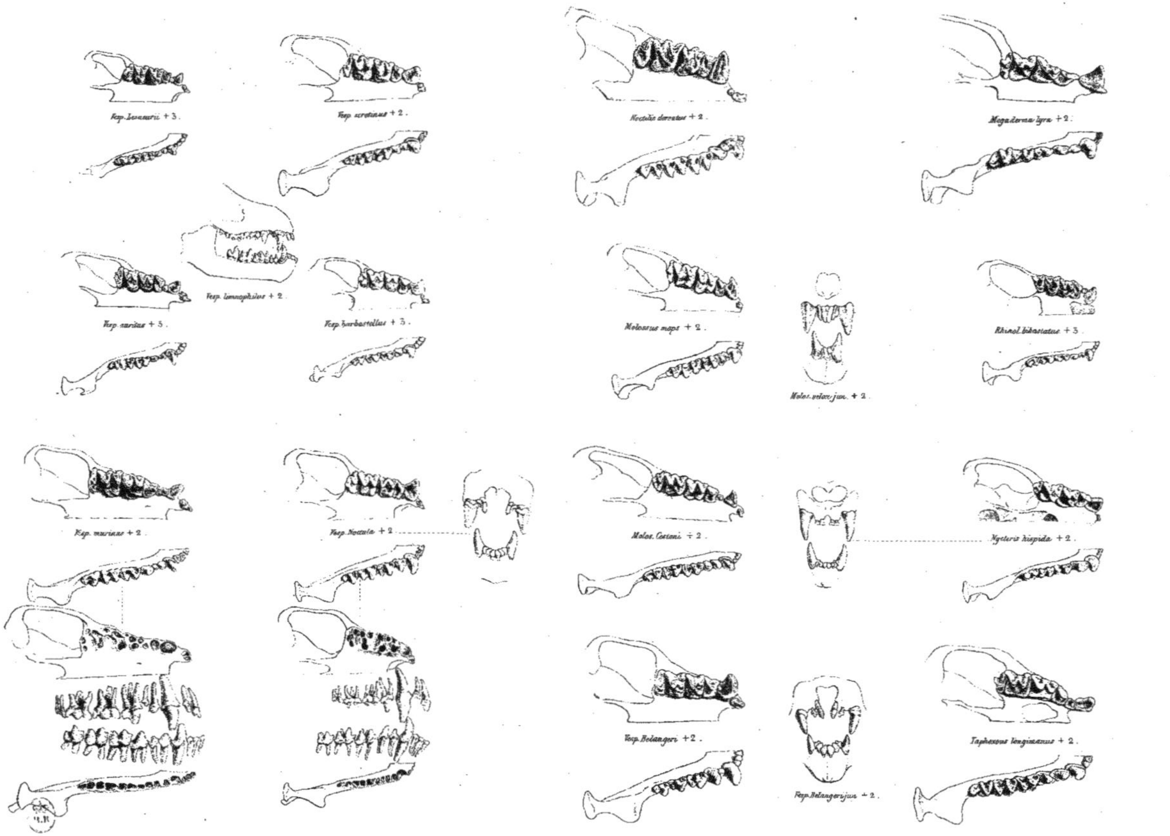

Vesp. Lesueurii + 3.

Vesp. serotinus + 2.

Noctilio dorsatus + 2.

Megaderma lyra + 2.

Vesp. limnophilus + 2.

Vesp. auritus + 3.

Vesp. barbastellus + 3.

Molossus naps + 2.

Molos. velox, juv. + 2.

Rhinol. bihastatus + 3.

Vesp. murinus + 2.

Vesp. Noctula + 2.

Molos. Cestoni + 2.

Nycteris hispida + 2.

Vesp. Belangeri + 2.

Vesp. Belangeri juv. + 2.

Taphozous longimanus + 2.

CHAUVES-SOURIS, SYSTÈME DENTAIRE.

Werner. Del.

Lith. de Becquet.

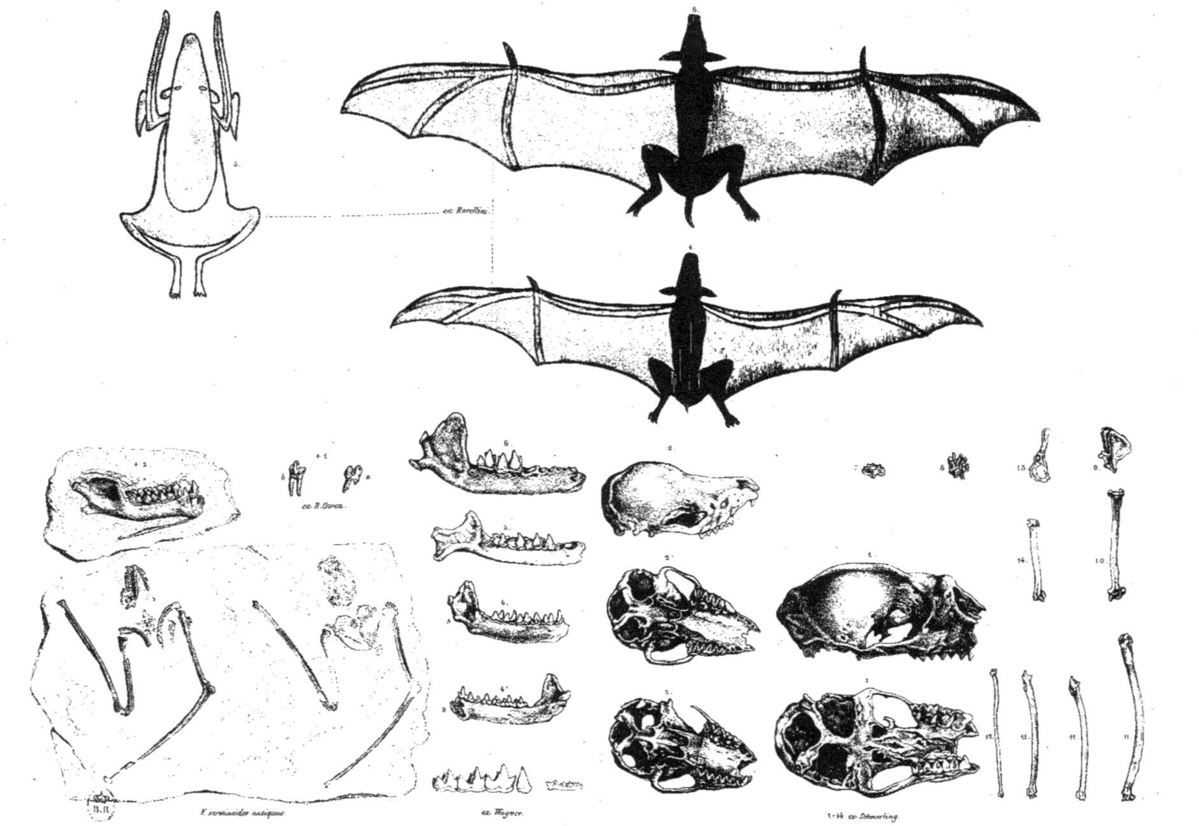

VESPERTILIONES ANTIQUI.

Werner, Del. Lith. de Becquet

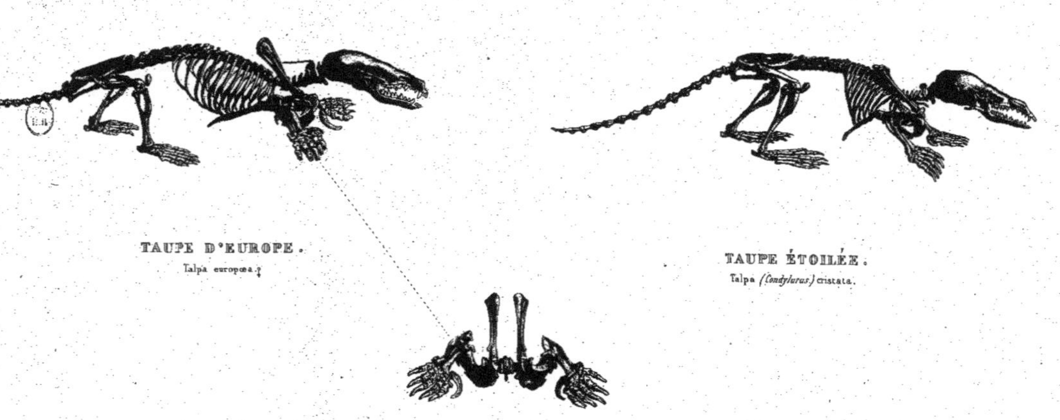

TAUPE D'EUROPE.
Talpa europœa.

TAUPE ÉTOILÉE.
Talpa (*Condylurus*) cristata.

Werner Del.

Lith. de Becquet.

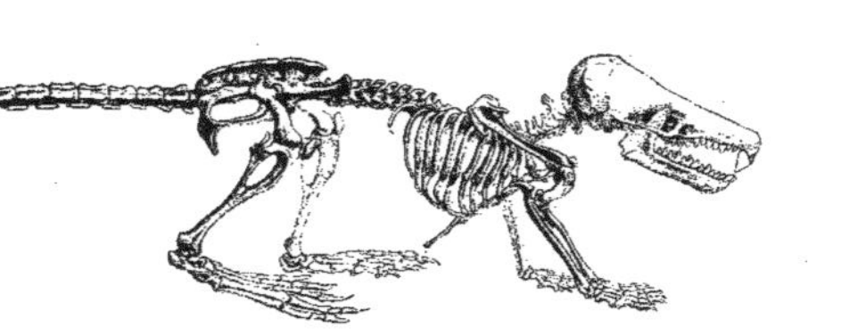

DESMAN DES PYRÉNÉES.
Sorex pyrenaicus.

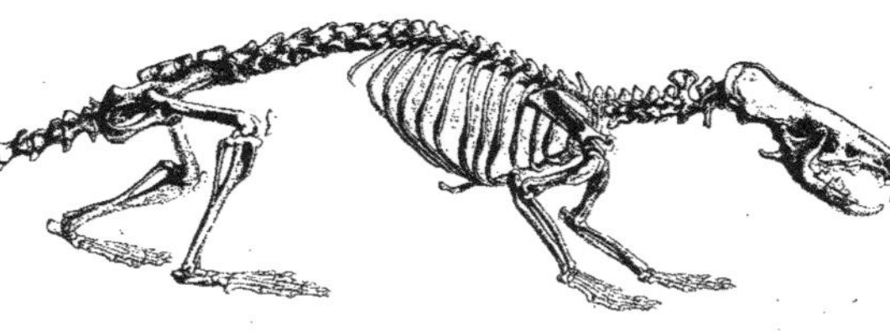

MUSARAIGNE DE L'INDE.
Sorex myosurus.

Werner Del. Lith. de Becquet.

MACROSCÉLIDE DE ROZET.
Macroscelides Rozeti ♀

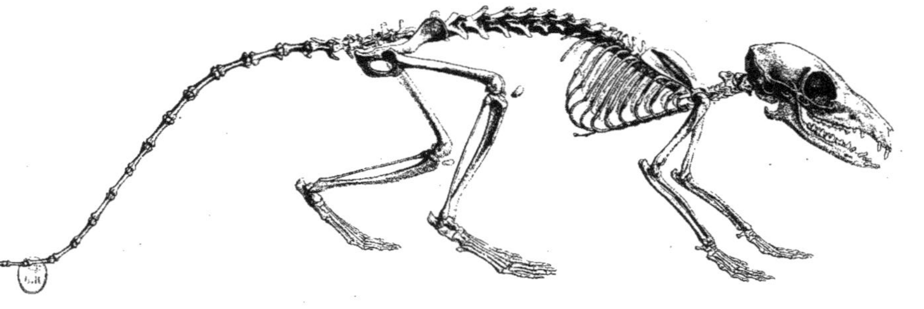

CLADOBATE FERRUGINEUX.
Glisorex ferrugineus.

Werner Del. Lith. de Becquet.

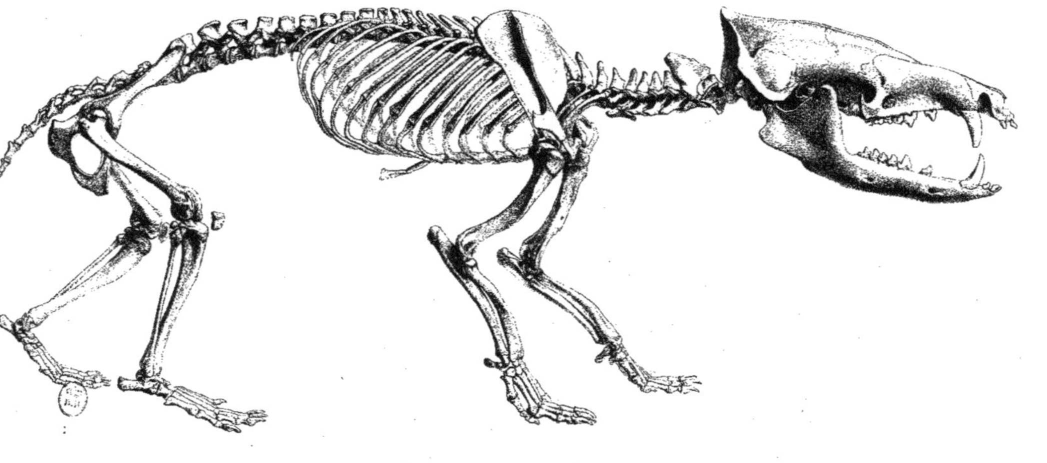

TENREC.
Erinaceus (*Centetes*) ecaudatus.

Werner Del.

Lith. de Becquet.

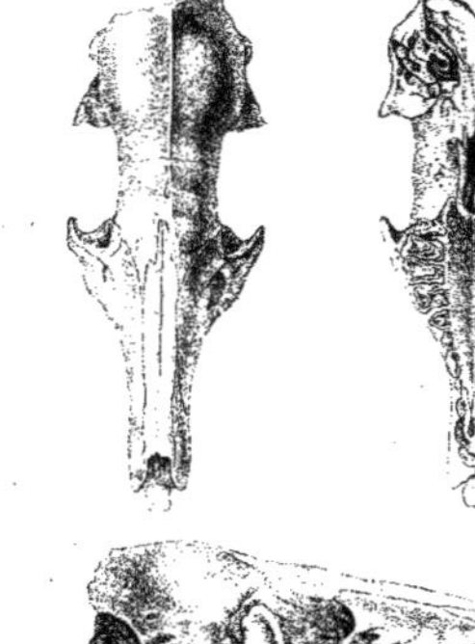
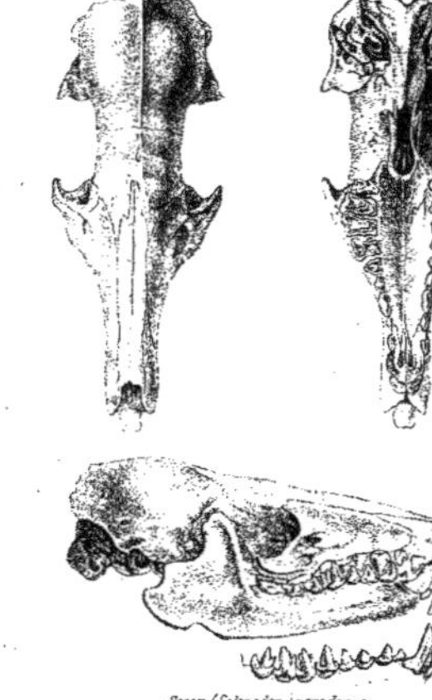
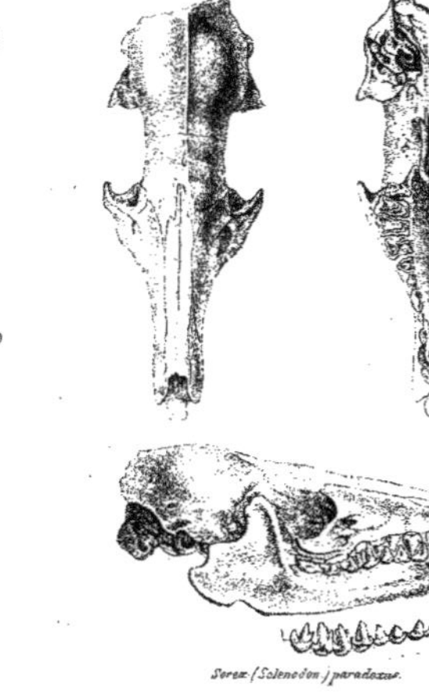
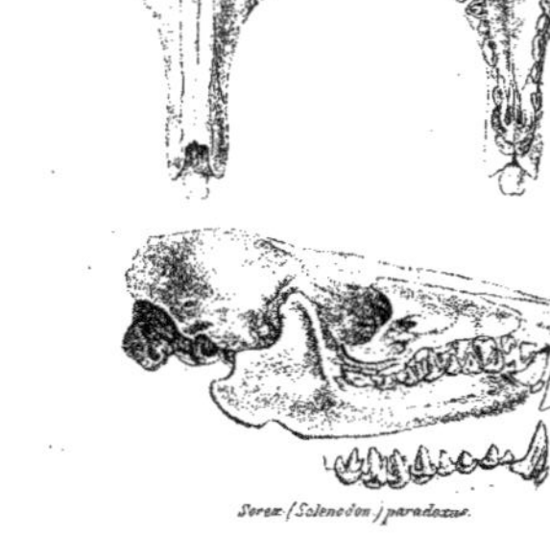
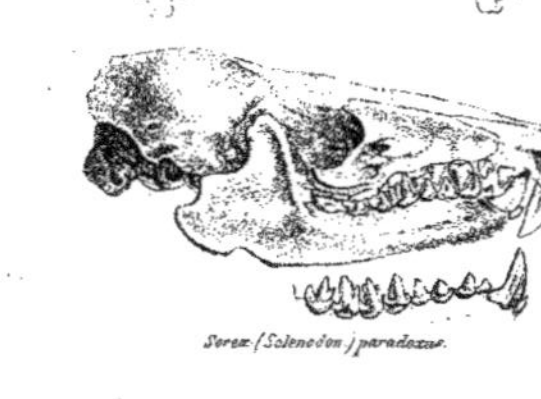
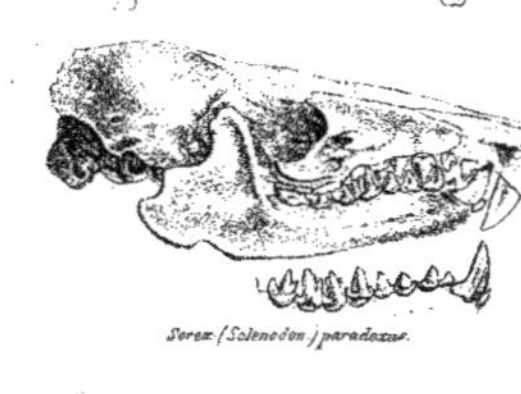
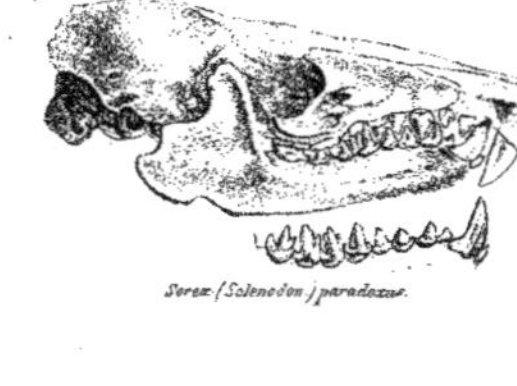
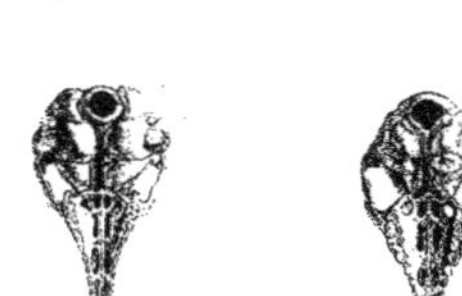
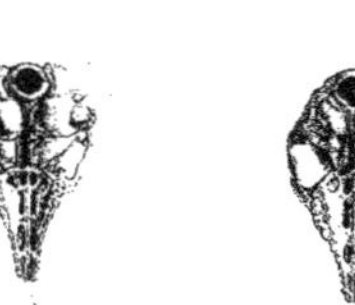
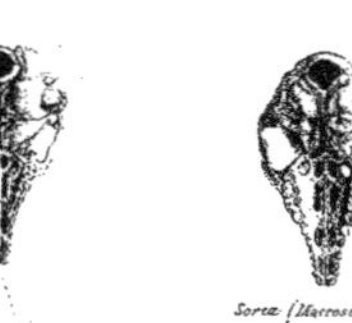
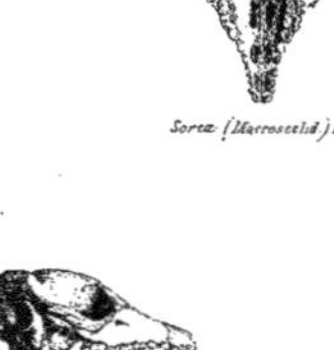

+3 Talpa europæa.

Talpa (Chrysochlora) aurea.

Talpa (Condylurus) cristata.

+3 +1 Sorex (Crocidura) araneus.

Sorex (Solenodon) paradoxus.

Sorex (Macroscelid.) Rozeti.

Talpa (Scalops) virginiana.

Sorex (Mygale) pyrenaïcus.

Sorex brevicaudatus.

+3 Sorex (Macroscelid.) jaculus.

TAUPES ET MUSARAIGNES.

Werner Del. Lith. de Becquet.

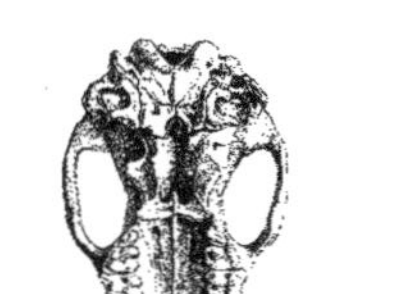
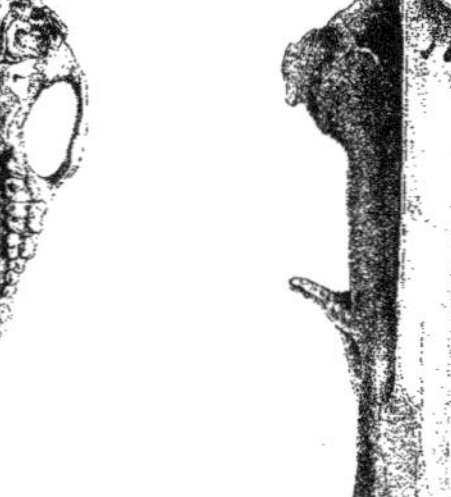
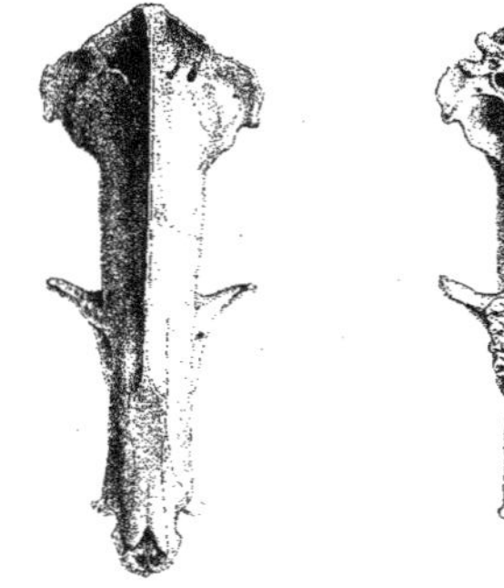

Erinaceus (Gisorex) tana.

Erinaceus europaeus. ♂

(Echinosorex) gymnurus.

Erinaceus (Ericulus) spinosus

Erinaceus (Centetes) ecaudatus.

HÉRISSONS ET TENRECS.

Werner del. Lith. de Becquet.

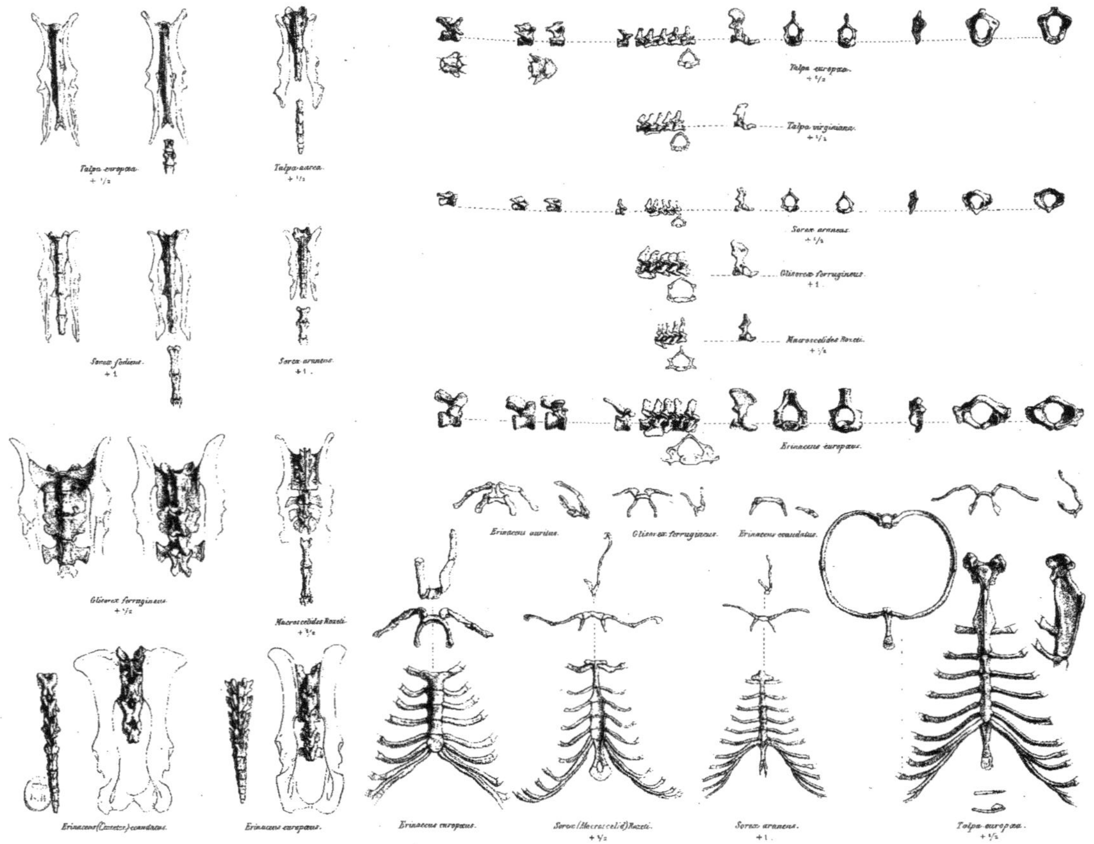

MAMMIFÈRES. CARNASSIERS. INSECTIVORES. PL. VII.
(G Talpa : Sorex Erinaceus L.)

Talpa europæa. + 1/2

Talpa virginiana. + 1/2

Sorex araneus. + 1/2

Glisorex ferrugineus. + 1

Macroscelides Rozeti. + 1/2

Erinaceus europæus.

Erinaceus auritus. Glisorex ferrugineus. Erinaceus ecaudatus.

Talpa europæa. + 1/2

Talpa aurea. + 1/2

Sorex fodiens. + 1

Sorex araneus. + 1

Glisorex ferrugineus. + 1/2

Macroscelides Rozeti. + 1/2

Erinaceus (Centetes) ecaudatus.

Erinaceus europæus.

Erinaceus europæus.

Sorex (Macroscelid) Rozeti. + 1/2

Sorex araneus. + 1

Talpa europæa. + 1/2

PARTIES CARACTÉRISTIQUES DU TRONC.

Werner. Del. Lith. de Becquet.

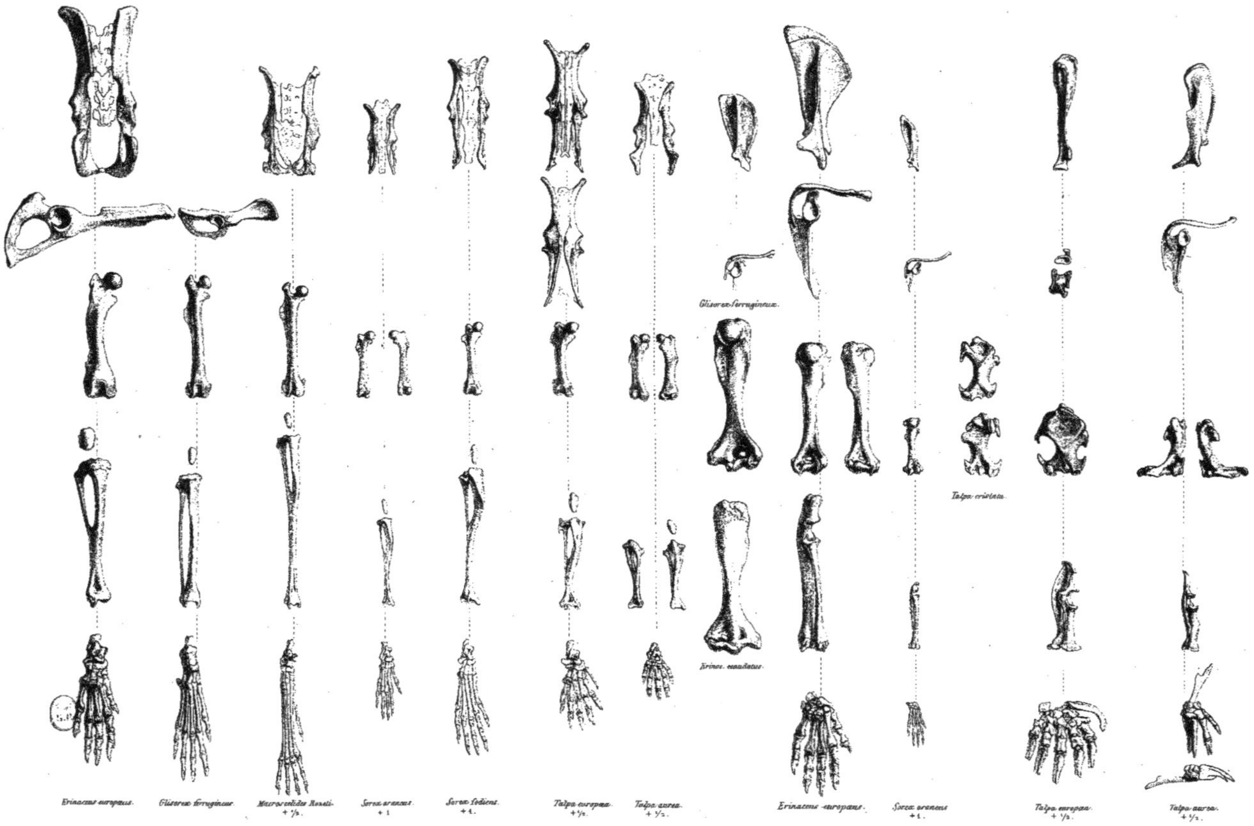

MAMMIFÈRES. CARNASSIERS. INSECTIVORES, PL. VIII.
(G. Talpa. Sorex. Erinaceus. L.)

Glisorex ferrugineux.

Talpa cristata.

Erinac. caudatus.

Erinaceus europaeus. *Glisorex ferrugineux.* *Macroscelides Rozeti.* + 1/2. *Sorex araneus.* + 1. *Sorex fodiens.* + 1. *Talpa europaea.* + 1/2. *Talpa aurea.* + 1/2. *Erinaceus europaeus.* *Sorex araneus.* + 1. *Talpa europaea.* + 1/2. *Talpa aurea.* + 1/2.

PARTIES CARACTÉRISTIQUES DES MEMBRES.

Werner Del. Lith. de Becquet.

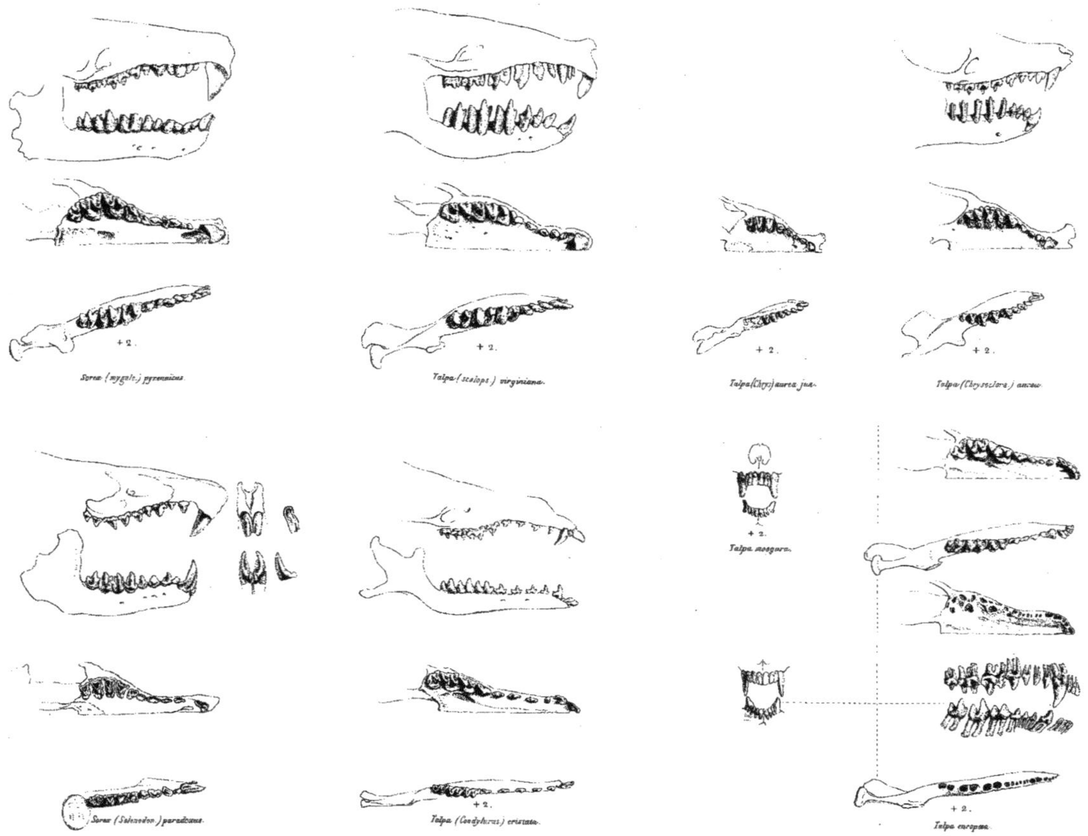

+ 2.

Sorex (mygale) pyrenaicus.

+ 2.

Talpa (scalops) virginiana.

+ 2.

Talpa (Chrys.) aurea juv.

+ 2.

Talpa (Chrysoclora) aurea.

+ 2.

Talpa mogura.

Sorex (Solenodon) paradoxus.

+ 2.

Talpa (Condylurus) cristata.

+ 2.

Talpa europæa.

INSECTIVORES; SYSTÈME DENTAIRE.

Werner Del.

Lith. de Becquet.

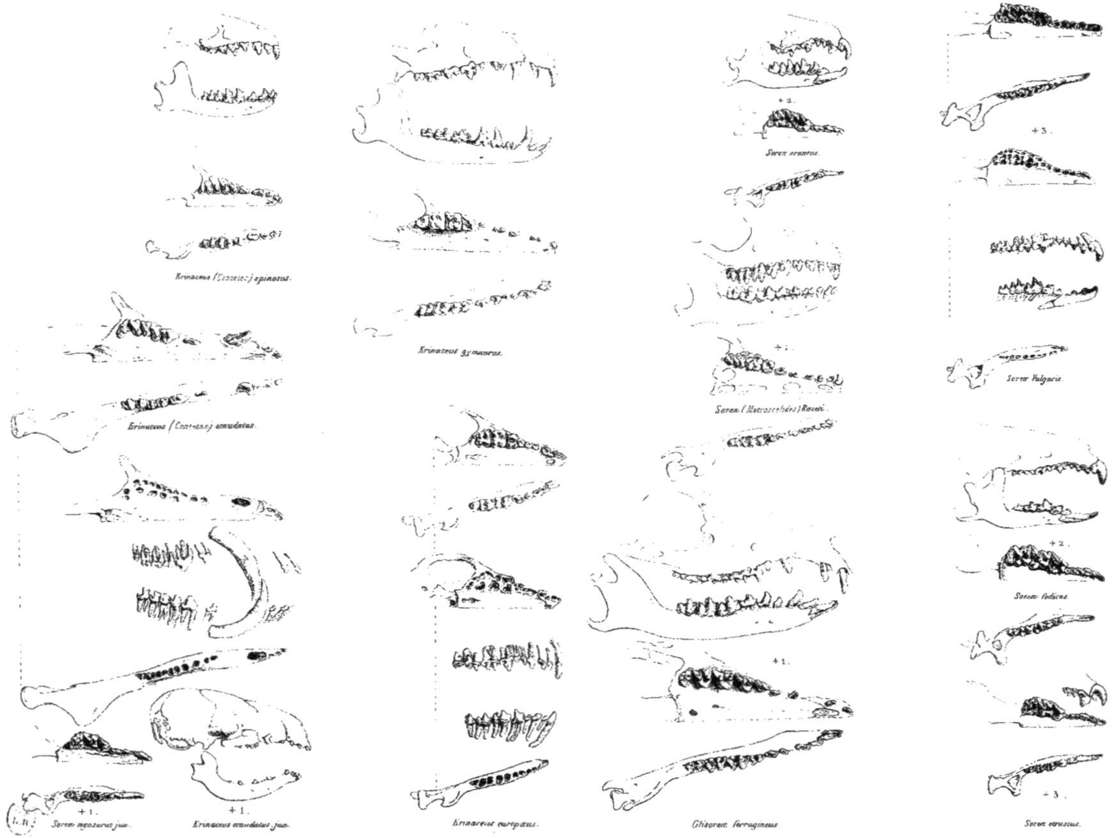

(G. Sorex. Erinaceus. L.)

Sorex araneus.

Erinaceus (Centetes) spinosus.

Erinaceus gymnurus.

Sorex vulgaris.

Sorex (Macroscelides) Rozeti.

Erinaceus (Centetes) ecaudatus.

Sorex fodiens.

+ 1. Sorex myosurus jun.

+ 1. Erinaceus ecaudatus jun.

Erinaceus europæus.

Gliosorex ferrugineus.

+ 3. Sorex etruscus.

INSECTIVORES; SYSTÈME DENTAIRE.

Werner del.

Lith. de Becquet.

SOREX ARANEUS.
(ex Isid. Geoffroy)

SOREX.
(ex mus. Paris. Ægypt.)

SOREX RELIGIOSUS.
(ex Isid. Geoffroy)

SOREX.
(ex mus. Paris. Ægypt.)

Talpa.
(ex Schmerling)

Sorex
(ex Schmerling)

Erinaceus.
(ex Schmerling)

Erinaceus Soricinoides ?
(Auvergne)

Sorex.
(ex Schmerling)

Sorex
(Auvergne)

Talpa.
(Avison)

Talpa.
(Sansans)

Sorex.
(Sardaigne)

Talpa.
(ex Schmerling)

Talpa acutidentata.
(Auvergne)

Talpa
(Avison)

Mygale
Recent Foss. (Sansans)

Erin. (Échinogale?) antiquus
(Auvergne)

Erin. arvernensis.
(Auvergne)

Erin. Soricinoides.
(Auvergne)

Sorex
(Sardaigne)

Talpa antiqua
(Auvergne)

Talpa
(Auvergne)

Talpa? Talpa
(Auvergne)

Talpa minuta
(Sansans)

Talpa
(Sansans)

INSECTIVORA ANTIQUA.

Werner del. Lith. de Becquet.

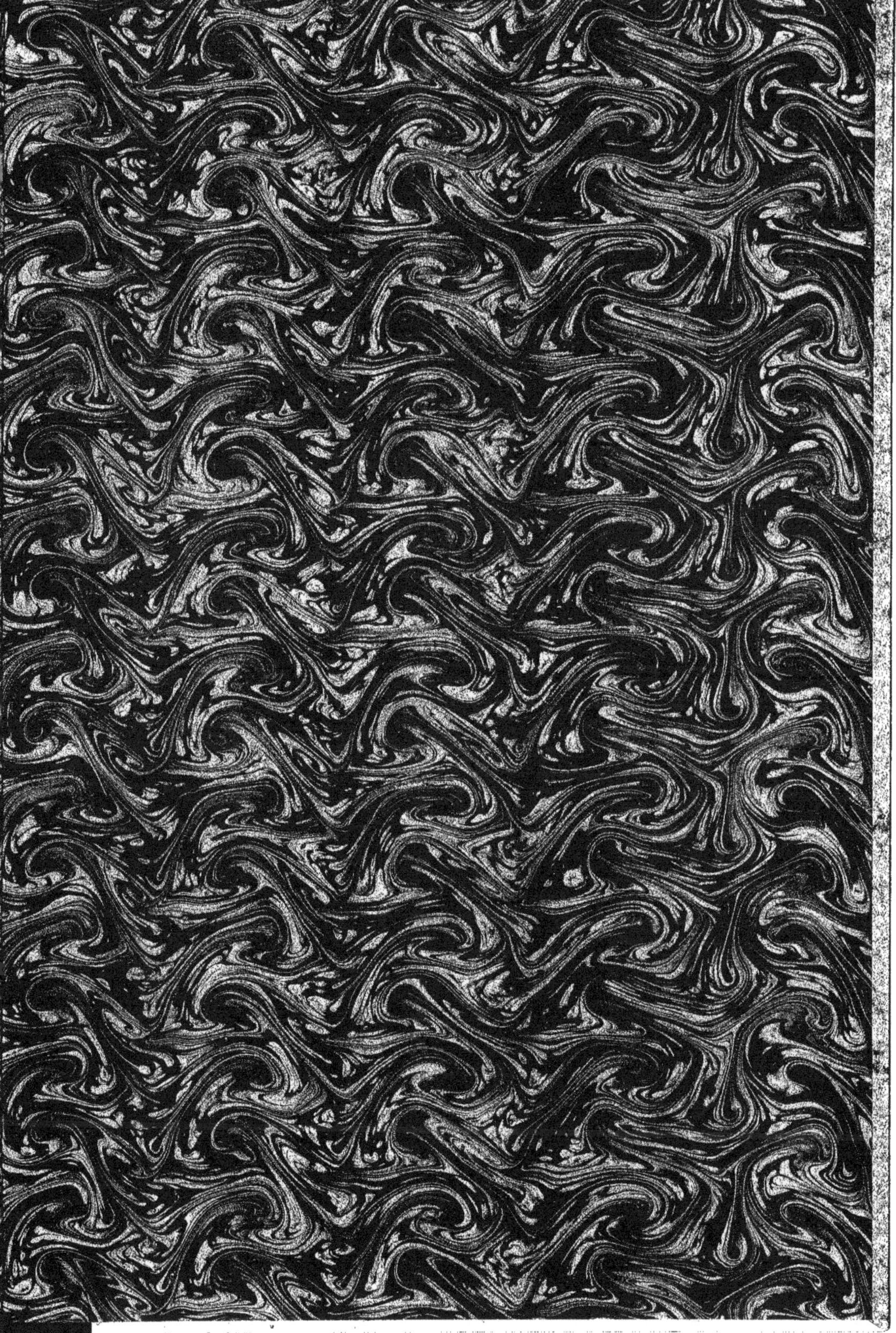

www.ingramcontent.com/pod-product-compliance
Ingram Content Group UK Ltd.
Pitfield, Milton Keynes, MK11 3LW, UK
UKHW031048260726
13965UKWH00006B/972